U0308735

水泥工业二氧化碳捕集、利用及封存技术

段永华 著

中国原子能出版社

图书在版编目 (CIP) 数据

水泥工业二氧化碳捕集、利用及封存技术 / 段永华
著 . -- 北京：中国原子能出版社，2021.10
ISBN 978-7-5221-1671-6

Ⅰ . ①水… Ⅱ . ①段… Ⅲ . ①水泥工业—二氧化碳—
收集②水泥工业—二氧化碳—废物综合利用③水泥工业—
二氧化碳—保藏 Ⅳ . ① X701.7

中国版本图书馆 CIP 数据核字（2021）第 225572 号

内 容 简 介

本书对水泥工业二氧化碳排放现状、捕集、利用和封存技术进行了系统
研究，内容主要包括：国内外水泥工业二氧化碳排放现状及工业二氧化碳减
排问题研究进展；水泥工业二氧化碳排放过程剖析；中国水泥工业二氧化碳
排放现状；水泥工业二氧化碳减排的技术途径及技术对策；水泥工业富氧燃
烧二氧化碳减排技术研究；高浓度二氧化碳气氛下石灰石热分解反应动力
学研究；富氧燃烧条件下水泥生料悬浮预热分解技术半工业化试验研究；水泥
工业 XDL 节能煅烧技术与富氧燃烧技术的耦合性研究；工业烟气二氧化碳液
化及储运技术；二氧化碳强化驱油（EOR）技术；水泥工业富集、捕集、利
用和封存二氧化碳的技术经济性分析与评价。

水泥工业二氧化碳捕集、利用及封存技术

出版发行	中国原子能出版社（北京市海淀区阜成路 43 号 100048）	
责任编辑	白皎玮	
责任校对	冯莲凤	
印　　刷	三河市德贤弘印务有限公司	
经　　销	全国新华书店	
开　　本	710 mm × 1000 mm　1/16	
印　　张	11	
字　　数	197 千字	
版　　次	2022 年 3 月第 1 版　2022 年 3 月第 1 次印刷	
书　　号	ISBN 978-7-5221-1671-6　　定　　价　128.00 元	

网　　址：http://www.aep.com.cn　　E-mail:atomep123@126.com
发行电话：010-68452845　　　　　　版权所有　侵权必究

前　言

　　捕集和利用工业生产过程中排放的 CO_2 是减少 CO_2 排放、改善温室效应的重要途径。水泥工业作为我国经济建设的支柱性产业,其 CO_2 排放量占我国 CO_2 排放总量的15%,开发适用于水泥工业的 CO_2 捕集技术是未来我国水泥工业可持续发展的关键课题之一。本书基于自主开发的 XDL 水泥熟料节能煅烧新技术,提出在水泥熟料烧成过程采用富氧燃烧和烟气再循环技术富集烟气中的 CO_2,进而对 CO_2 进行捕集,实现高效能 CO_2 回收及利用的近零排放工艺技术路线。

　　本文对水泥工业 CO_2 排放现状、捕集、利用和封存技术进行了系统研究,主要内容包括:第 1 章综述了国内外水泥工业 CO_2 排放现状及工业 CO_2 减排问题研究进展;第 2 章针对高浓度 CO_2 气氛下石灰石热分解反应动力学进行研究,采用 TGA 热重分析仪和稀相模拟悬浮态综合多功能实验台,对 N_2/CO_2 气氛下堆积态和悬浮态石灰石热分解反应动力学及 CO_2 浓度对 $CaCO_3$ 热分解反应过程的影响进行了实验研究;第 3 章对富氧燃烧条件下水泥生料悬浮预热分解的半工业化试验进行研究,研究了系统送风中 O_2 浓度变化对水泥生料表观分解率和烟气中 CO_2 浓度的影响关系,为优化试验系统工艺控制参数开展了多组次的半工业化连续性试验,并将试验系统在富氧燃烧条件下的技术指标与传统燃烧技术条件下的相关技术指标进行了比较;第 4 章对 XDL 节能煅烧技术与富氧燃烧技术的耦合性进行了研究,确定漏风系数和系统送风中的 O_2 浓度对目标函数(系统送风量、烟气量、烟气排放量、CO_2 排放浓度、单位水泥熟料煤耗和系统产能)的影响关系;第 5 章、第 6 章分别对水泥工业富集、捕集、利用和封存 CO_2 的技术经济性和技术进行了分析。

　　本书的出版得到河南省科技攻关项目(批准号:212102210601)和河南科技大学博士科研启动基金项目(批准号:4008/13480059)的资助。

由于作者水平有限,书中难免存在疏漏和不足之处,望广大读者和专家给予批评指正。

作　者
2021 年 9 月

目　录

第 1 章

国内外水泥工业 CO_2 排放现状及工业 CO_2 减排问题研究进展

1.1 引 言

因"温室效应"而导致的全球气候变化问题日益严峻。科学界普遍认为，温室气体（CO_2，CH_4，N_2O，HFCS，PFCS 和 SF_6 等）排放量的不断增加是引起全球气候变化的最重要原因，其中 CO_2 排放对温室效应的贡献率高达 77% 以上[1]。因此，降低温室气体尤其是 CO_2 的排放以减缓气候变化已成为当今国际社会关注的热点问题，是人类经济社会可持续发展所面临的重大挑战[1,2]。

有关研究表明，未来几十年化石燃料仍将是人类主要的能量来源，控制化石燃料燃烧而产生的 CO_2 排放是解决"温室效应"的一个重要方向。为了确保全球平均温度升幅不超过 2 ℃，根据联合国政府间气候变化专门委员会（IPCC）评估，到 2050 年 CO_2 的排放应该在 2000 年的水平上至少降低 50%[3]，如表 1.1 所示。

表 1.1　温室气体排放与气温变化关系

温度升幅 /℃	稳定 CO_2 当量浓度，包括温室气体和气溶胶 /ppm	稳定 CO_2 浓度（2005 年 =379 ppm）	2050 年的 CO_2 排放量与 2000 年 CO_2 排放量相比的百分数 /%
2.0～2.4	445～490	350～400	−85～−50
2.4～2.8	490～535	400～440	−60～−30
2.8～3.2	535～590	440～485	−30～+5
3.2～4.0	590～710	485～570	+10～+60

注：数据来源：IPCC 2007[2]。

在诸多 CO_2 减排措施中，除了提高能源利用率，发展清洁能源技术，开发化石燃料的替代资源，提高自然生态系统的固碳能力以外，CO_2 捕集与封存技术（Carbon Capture and Storage，CCS）作为一项新兴的、具有潜力的大规模 CO_2 减排技术，有望实现化石能源的低碳利用，被广泛认为是应对全球气候变化、控制温室气体排放的重要技术之一。

根据国际能源署在 2008 年发布的《世界能源展望》所述，任何一种情景假设下的减排情景如果离开了 CCS 的广泛实施，都不能达到最终的减排目标。在 2050 年 CO_2 减排的 ACT（应用现有技术，将 2050 年的 CO_2 排放量控制在现有水平）情景下，CCS 的减排贡献占所有 CO_2 减排总量的 14%，如图 1.1 所示；而在 BLUE（到 2050 年，CO_2 排放量在现有基础上减少 50%）下，CCS 的减排贡献占 19%，如图 1.2 所示。

近几年全球的 CCS 研发和实践活动都取得了重大成果，世界各国运行和计划中的规模化 CCS 项目高达一百多项。

目前我国的 CO_2 排放总量占世界首位，减排压力巨大。在未来很长一段时间内我国的能源结构仍将以煤炭为主。已有研究表明，我国具备发展 CCS 项目的良好地质条件和巨大的捕获和封存潜力。CCS 技术的广泛应用将有助于解决我国严峻的 CO_2 减排压力与对化石能源严重依赖之间的矛盾[3]。因此大力发展 CCS 技术将是我国尽快实现 CO_2 减排的重要选择之一 [4-10]。

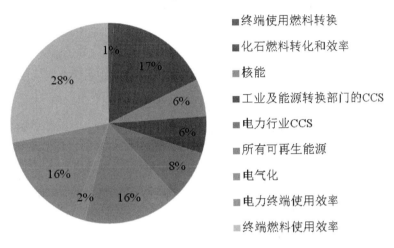

ACT Map 35 Gt CO_2 减排

- ■ 终端使用燃料转换
- ■ 化石燃料转化和效率
- ■ 核能
- ■ 工业及能源转换部门的CCS
- ■ 电力行业CCS
- ■ 所有可再生能源
- ■ 电气化
- ■ 电力终端使用效率
- ■ 终端燃料使用效率

图 1.1　到 2050 年 ACT 情景下各种技术的 CO_2 减排份额

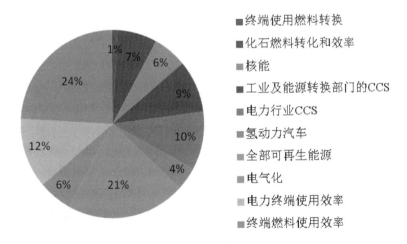

BLUE Map 48 Gt CO_2 减排

- ■ 终端使用燃料转换
- ■ 化石燃料转化和效率
- ■ 核能
- ■ 工业及能源转换部门的CCS
- ■ 电力行业CCS
- ■ 氢动力汽车
- ■ 全部可再生能源
- ■ 电气化
- ■ 电力终端使用效率
- ■ 终端燃料使用效率

图 1.2　到 2050 年 BIUE 情景下各种技术的 CO_2 减排份额

为了尽快实现我国低碳经济的发展目标,国家相关部门实施了诸多与开发 CCS 技术相关的发展规划和专项行动。在《国家"十二五"科学和技术发展规划》中提出"发展 CO_2 捕集利用与封存等技术";在《中国应对气候变化科技专项行动》《国家"十二五"应对气候变化科技发展专项规划》中均将" CO_2 捕集、利用与封存技术"列为重点支持、集中攻关和示范的重点技术领域;中国科学技术部也于 2013 年 3 月 11 日发布了《"十二五"国家碳捕集、利用与封存科技发展专项规划》,以期加大在该技术领域的科研投入和力度,实现我国温室气体的大幅减排 [2,11]。

水泥工业作为我国经济建设的支柱性产业,在我国工业化、城镇化建设进程中发挥着重要作用,也为我国经济发展和社会进步做出了巨大贡献。同时作为资源和能源消耗型行业,水泥工业也消耗了大量的资源和能源。控制和减少水泥工业生产过程中的 CO_2 排放对于缓解温室效应具有重要意义。

1.2　CO_2 排放现状及资源化利用

1.2.1　CO_2 排放现状

2013 年全球 CO_2 总排放量约为 360 亿 t,工业排放约占全球 CO_2 总排放量的 29%。其中水泥工业 CO_2 排放约为 26 亿 t,约占全球 CO_2 总排放量的 7%,全球工业排放总量的 25%[12]。

中国作为世界上能源消费大国, CO_2 排放约占全球总排放量的 27%,已超越美国位居全球首位。中国从 1985 年开始成为世界第一水泥生产大国,已连续 30 年居世界第一位。中国主要行业 2013 年的 CO_2 排放比例如图 1.3 所示:在中国工业的 CO_2 排放中,水泥工业是仅次于煤电工业的第二大 CO_2 排放源 [13-14],图 1.4 为 2000—2013 年中国水泥工业年 CO_2 排放量、水泥生产总量以及占世界水泥总产量比例的变化。由图 1.4 可以看出,中国 2013 年的水泥产量是 2000 年的 4 倍,发展十分迅速。因此,减少水泥工业生产过程中的能源消耗和 CO_2 排放,实现水泥生产过程的低碳化或零碳化是水泥工业科技进步的必然选择。

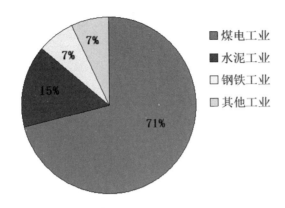

图 1.3　我国主要行业 CO_2 排放量比重

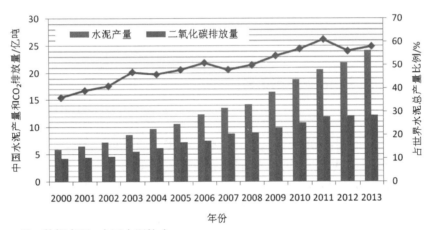

注：数据来源：中国水泥协会。

图 1.4　2000—2013 年中国水泥工业 CO_2 排放量、水泥产量及占世界水泥产量比例

1.2.2　CO_2 资源化利用

在化学工业领域，CO_2 是一种重要的原料，主要用于制造 Na_2CO_3、$NaHCO_3$、$CO(NH)_2$、CH_3OH 等化工产品。在轻工业领域，CO_2 主要被用于生产碳酸饮料、啤酒和汽水。在生物能源领域，CO_2 主要利用藻类固碳合成生物质能源。另外 CO_2 还广泛应用于消防、果蔬保鲜、食品速冻保鲜等领域，液态 CO_2 还是一种高效无污染的萃取剂和油田注入剂[15-16]。

1.3 CO_2 捕集技术

CO_2 分离与捕集技术最早应用于炼油、化工和发酵等行工业,由于这些工业排放的 CO_2 浓度高、压力大,其分离捕集成本并不高。而在其他行业则由于所排放的 CO_2 浓度和压力较低,导致捕集能耗和成本较高[17-20],目前用于这些行业的 CO_2 分离与捕集技术还处于实验室研发和工程示范阶段。

工程界依据捕集系统的技术基础和适用性,将 CO_2 捕集技术分为燃烧后捕集(Post-Combustion)技术、燃烧前捕集(Pre-Combustion)技术、富氧燃烧技术(Oxyfuel)和化学链燃烧技术(Chemical Looping Combustion,CLC)。

1.3.1 燃烧后捕集技术

燃烧后捕集技术[21-30]是在化石燃料燃烧设备(电厂锅炉、燃气轮机、水泥窑炉和钢铁锅炉等)后的烟气通道上安装 CO_2 分离设备,对烟气中的 CO_2 进行捕集的技术,其工艺路线如图 1.5 所示。由于化石基燃料燃烧产生的烟气排放压力通常为大气压,因此 CO_2 分压非常低,并且含有 O_2、SO_2、NO_x、飞灰和碳黑等其他污染物。其中 SO_2、NO_x 和 CO_2 一样,很容易与碱性溶液进行化学反应,从而产生不可再生的热稳定性盐,导致吸收剂的损失,因此,在吸收 CO_2 前必须对烟气进行预处理,将 SO_2 和 NO_x 等酸性气体脱除。

目前已有的商业化燃烧后捕集技术包括化学吸收法和物理吸收法两种。化学吸收法是目前最可行的燃烧后捕集技术。现在已经实现商业化运行的燃烧后捕集技术有以下三个流程[1]:

(1)Kerr-McGee/ABB Lummus Crest 流程:该工艺采用质量浓度 15%~20% 的一乙醇胺(Mono Etobaccool Amime, MEA)水溶液作为吸收剂,用于回收炼焦和燃煤锅炉产生的 CO_2,生产纯碱和液态 CO_2。

(2)Fluor Daniel ECONAMINE 流程:该工艺采用质量浓度 30% 的 MEA 水溶液作为化学吸收剂,但是加入了防止对碳钢腐蚀的抑制剂,适用于吸收含有一定氧气的烟气中的 CO_2。该技术被 Fluor Daniel 公司在

1989 年开发成功,目前已投运的装置最大生产规模为 320 t CO$_2$/d,生产出来的 CO$_2$ 用于生产饮料和尿素。

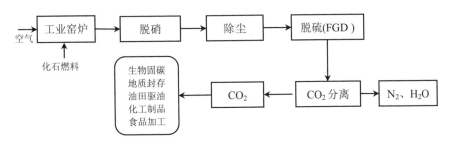

图 1.5　燃烧后捕集技术路线示意图

（3）KEPCO/MHI 流程:该工艺根据胺吸收剂的分子空间结构,开发出三种吸收剂(KS-1,KS-2 和 KS-3)。该流程的显著特点是在不用太多抑制剂和添加剂的情况下,胺损失和吸收剂降解率较低。该技术目前已用于一套 200 t CO$_2$/d 的生产设备中,回收的 CO$_2$ 用于尿素生产。

理论上燃烧后捕集系统能捕集各种燃烧设备排放烟气中的 CO$_2$,技术适用性好。燃烧后捕集技术最大的问题就是采用空气作为氧化剂,从而使得烟气中 CO$_2$ 浓度很低,分离成本过高。但就目前而言,燃烧后捕集技术还面临着烟气流量大、温度高、CO$_2$ 浓度低和杂质多等诸多问题,同时还存在着能耗高、系统投资大等问题。

目前人们正在努力开发捕集效率更高的吸收剂,以改善运行条件和降低再生能耗,同时还在开发新的接触系统,以降低燃烧后捕集技术的能耗。当然,这些技术还必须进行大规模的示范以证实其运行可靠和成本低廉,才能够进行商业化应用。

1.3.2　燃烧前捕集技术

所谓燃烧前捕集技术是在碳基燃料燃烧前,将其化学能从碳元素中转移出来,然后再将碳和携带能量的其他物质分离。工艺流程如图 1.6 所示。目前燃烧前捕集技术的主要用途有两种:其一是制取无碳或低碳燃料气。制得的燃料 H$_2$ 不需要绝对纯净,允许含有少量的 CH$_4$、CO 和 CO$_2$;其二是减少燃料中过多的 CO$_2$,制取低碳原料气。

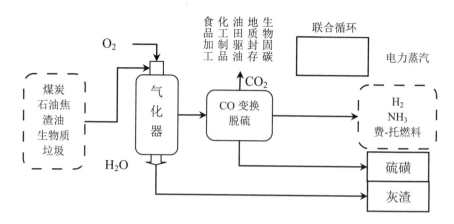

图 1.6 燃烧前捕集技术路线示意图

IGCC（Integrated Gasification Combined Cycle，IGCC）整体煤气化联合循环发电系统是最典型的进行燃烧前脱碳的系统，一般情况下，IGCC系统中的气化炉采用富氧或纯氧加压气化技术，使得所需分离的气体体积大幅度减小，CO_2浓度极限值增加，从而大幅度降低了分离过程的能耗和设备投资，成为未来电力行业实现 CO_2 捕集的最佳选择。美国的未来电力（FutureGen）、中国的绿色煤电（GreenGen）、日本的鹰计划（Eagle）、澳大利亚的零排放发电（ZeroGen）和欧洲的氢电联产（HypoGen）等项目均计划采用 IGCC 技术[1,31-35]。燃烧前捕集技术被视为煤电行业未来最具前景的脱碳技术。

1.3.3 富氧燃烧技术

富氧燃烧技术[36-42]也称为 O_2/CO_2 燃烧技术，又被称为无氮燃烧工艺（N_2-free Process）。富氧燃烧技术作为一项新型的高效节能燃烧技术，能够降低燃料的燃点、加快燃烧速度、促进燃烧完全、提高火焰温度、减少烟气量、提高热量利用率和降低过量空气系数，被发达国家称之为"资源创造性技术"，已在冶金工业、玻璃工业和热能工程等领域得到了成功应用。

富氧燃烧技术用空气分离装置获得的高浓度 O_2 和部分循环烟气代替空气做化石燃料燃烧时的氧化剂，组织燃料在 O_2 和 CO_2 的混合气体中燃烧，在化石燃料燃烧过程中，能大幅度提高烟气中的 CO_2 浓度，有效地解决了使用燃烧后捕集技术烟气中的CO_2浓度较低的问题,可大幅降低CO_2的分离成本。用100%纯氧助燃时,烟气经干燥后可得浓度高达95%的CO_2烟气,其中一部分烟气循环使用,剩余烟气经净化压缩脱水后即可得到高纯度液体CO_2,这样可大幅度降低烟气中CO_2的分离与捕集成本,富氧燃烧捕集技术的工艺流程图如图1.7所示。

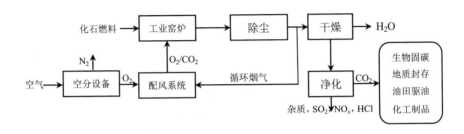

图1.7　富氧燃烧捕集技术路线示意图

富氧燃烧技术对所有化石燃料(气体、液体和固体)和工业锅炉均适用。1937年富氧燃烧技术成功应用于底吹转炉炼钢。西方发达国家及苏联早在20世纪70年代末就开始了将富氧燃烧用于玻璃窑炉的研究,并取得了良好的效果。富氧燃烧在钢铁工业及玻璃工业窑炉上的普遍应用,为其在其他工业领域的应用奠定了坚实的基础。

随着全球环境危机的加剧和对环保要求的不断提高,目前美国与英国已经广泛应用了富氧燃烧,并开始进行纯氧燃烧及烟气循环燃烧的工业性实验,以探索达到零排放的目的。

将富氧燃烧技术用于CO_2捕集还处于研究开发阶段,煤电行业已经进行了半工业化中试实验研究,在欧洲、美国、加拿大及日本都有相关的小规模示范装置,这些示范装置从技术上证明了将富氧燃烧技术用于电站捕集CO_2是可行的。其关键技术在于对富氧燃烧特性的掌握以及燃烧器的设计与制造,尤其是材料耐高温方面的问题,目前针对用于工业供热和发电厂间接加热的富氧燃烧示范装置,人们主要开展了煤炭和天然气富氧燃烧、传热、污染物形成与控制方面的特性研究。

Wilkinson等研究认为,采用富氧燃烧技术改造现有电站锅炉和其他燃烧设备,在技术上是可行的,烟气中的CO_2可从17%提高到60%,水蒸气从10%提高到30%。SO_2,NO_x以及过量的O_2、N_2、Ar等杂质占10%左右,脱除杂质后的烟气通过冷却、加压、干燥后得到的气体含96%的CO_2产品,能够进行CO_2地质封存。相对于其他CO_2捕集技术而言,富氧燃烧技术更具技术优势和市场竞争力。

1.3.4　化学链燃烧技术

化学链燃烧技术在 1983 年由 Richter 和 Knoche 提出,并随后被 Ishdida 和 Jin 发展[43]。化学链燃烧技术采用金属氧化物作为 O_2 载体,同含碳燃料进行反应,还原反应器中的反应相当于空气分离过程,空气中的 O_2 同金属反应生成氧化物,从而实现了 O_2 同空气的分离,这样就不再需要独立的空气分离设备[34]。含碳燃料和 O_2 之间的反应被燃料同金属氧化物之间的反应替代,相当于从金属氧化物中释放氧气与燃料燃烧。具体工艺流程图如图 1.8 所示。

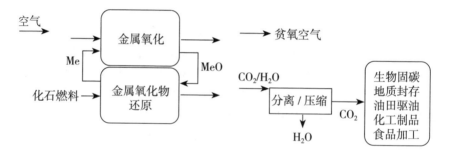

图 1.8　化学链燃烧 CO_2 捕集技术路线示意图

目前化学链燃烧技术尚处于研究阶段,研究内容主要集中在材料研发,尤其是选择合适的金属氧化物作为载氧体方面,作为载氧体的金属物质主要有 Fe、Ni、Co、Cu、Mn、和 Cd[34],主要采用热重分析仪、流化床和固定床进行探索性实验研究。研究的焦点是如何保持载氧体颗粒的机械和化学稳定性,使其能够长期循环使用,尽量减少载氧体的补充量。另外人们对反应器和透平材料的耐高温、耐腐蚀性也进行了广泛的研究。

综上所述,不同的 CO_2 捕集技术适用于不同的工艺条件,需要根据具体的生产工艺和目标对其经济性进行比较分析来确定具体的工艺路线。就目前的研究而言,将富氧燃烧技术用于熔炉、工业热处理、工业锅炉和发电系统烟气中的 CO_2 捕集没有技术障碍。相对于传统的燃烧方式,富氧燃烧技术所需的空气分离系统需要消耗大量的能量[44]。所以,提高富氧燃烧系统效率、改善系统技术经济指标的关键就是要降低空分系统的能耗,同时在系统集成和流程耦合方面进行改进。

现有的深冷法空分制氧系统随着压缩机效率的提升、更高效率设备的开发和空分装置规模的扩大,其单位能耗和造价会逐渐降低。VPSA 制氧技术的诞生大幅度降低了制氧能耗和成本,使得富氧燃烧 CO_2 捕集技术的工业化应用成为可能。

1.4 富氧燃烧技术在水泥工业的应用

1.4.1 水泥生产的工艺过程

通常水泥的生产过程可以概括为"二磨一烧",即:(1)以钙质黏土质原料(或替代原料)及少量添加剂(助磨剂、矿化剂等)配置成水泥生料并磨细、均化;(2)水泥生料经干燥、脱水、分解和固相反应,在高温下烧结为水泥熟料;(3)冷却后的水泥熟料与适量石膏和其他混合材(如矿渣、火山灰、粉煤灰等)混合磨细成为水泥。

按照窑型的不同,水泥的煅烧设备可分为回转窑和立窑两种,其中按回转窑生产工艺过程又可分为湿法长窑、半干法立波尔窑、干法中空窑、干法预热器窑和干法悬浮预热预分解窑(NSP 技术)[45]。图 1.9 给出了目前生产技术最先进、能耗最低的 NSP 工艺的典型流程示意图。

1.4.2 水泥工业使用富氧燃烧技术的优势

在水泥工业使用富氧燃烧技术,是将部分循环烟气和高浓度 O_2 按一定比例掺混送入水泥窑炉,在 CO_2/O_2 气氛下组织煤粉燃烧和水泥熟料煅烧。其中高浓度 O_2 可通过制氧系统获得,CO_2 则来自循环烟气。研究证明:富氧燃烧技术对煤粉燃烧速度和燃尽率的提高作用十分明显,可提高火焰温度和黑度,改善工业窑炉内的传热条件,为降低水泥熟料的煅烧时间、提高产品质量提供必要保证和可能；而采用烟气循环技术,可降低水泥工业的烟气排放量,大幅度提高烟气中 CO_2 浓度,为降低从水泥工业烟气中捕集和分离 CO_2 的成本奠定了基础[46-47]。

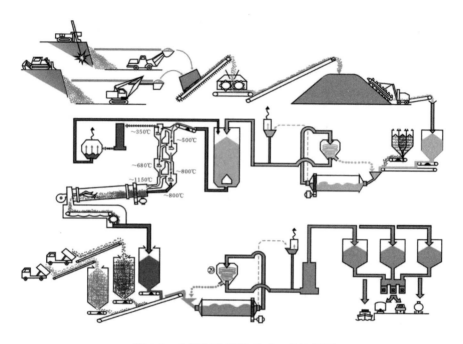

图 1.9　水泥生产 NSP 技术工艺流程图

在水泥工业使用富氧燃烧技术的具体技术优势主要包括以下六个方面。

（1）提高火焰温度和煤粉燃尽率。

富氧燃烧技术可提高煤粉燃烧气氛中的 O_2 浓度,使煤粉的燃烧反应更加剧烈,提高煤粉的燃烧速率和火焰温度,缩短燃尽时间。在窑炉空间尺寸保持不变的情况下,由于煤粉燃尽时间缩短,可提高煤粉的燃尽率,降低煤粉不完全燃烧所带来的热量损失,达到节能的目的。

（2）改善窑炉热工系统。

水泥工业窑炉内火焰向物料的传热方式主要以对流传热和辐射传热的形式进行,其过程主要取决于气流的温度和黑度[48]。由于煤粉燃烧气氛中的 O_2 浓度提高,火焰的体积流量降低,在燃料投放量不变的情况下,火焰和气流温度相对提高,可提高物料与气流之间的传热速率,改善窑炉的热工系统参数。在富氧燃烧技术条件下,由于烟气排放量可控,可实现传热过程的优化组合,合理地分配辐射传热和对流传热份额。

（3）提高烟气中的 CO$_2$ 浓度。

富氧燃烧技术条件下,采用部分循环烟气和高浓度 O$_2$ 按一定比例送入炉膛组织煤粉燃烧,降低了水泥工业烟气排放量,提高了烟气中 CO$_2$ 浓度[42]。烟气中的 CO$_2$ 最高排放浓度可达 90% ～ 95%。

（4）降低单位产品煤耗。

在富氧燃烧技术条件下,可提高煤粉燃尽率,降低烟气排放量,相应减少由于煤粉不完全燃烧和烟气排放所带来的热量损失;同时随火焰温度的提高和热工系统的改善,可提高水泥窑炉的对流传热和辐射传热效率。所以水泥工业采用富氧燃烧技术可减低单位产品的生产能耗。

（5）降低气体污染物排放。

由于 O$_2$ 过剩系数降低和烟气中 CO$_2$ 的"窒息"作用,使煤粉燃烧区缺氧、降温,特别是 N$_2$ 的炉外分离,使热力型 NO$_x$ 和燃料型 NO$_x$ 的生成受到抑制,脱硝率可达 70%;在对烟气中的 CO$_2$ 进行液化分离过程中,可同时脱除 SO$_2$,在水泥熟料生成过程中可减少或不用脱硫设备。

（6）提高反应速率和产品质量。

在富氧燃烧技术条件下,可加快煤粉的燃烧反应速率,提高水泥工业窑炉内的升温速率和温度[49],促进水泥生料中的碳酸盐分解和水泥熟料的矿物相形成与烧结,有利于水泥熟料质量的提高和碱性成分的挥发,可获得低碱水泥熟料。

1.5 水泥工业富氧燃烧的意义及所面临的挑战

1.5.1 研究意义

XDL 水泥熟料节能煅烧技术作为一项公认的节能环保水泥生产技术,已在 6 500 t/d 规模的水泥熟料生产线上成功应用。本文以 XDL 节能煅烧生产技术和富氧燃烧技术为基础,以实现对水泥工业生产过程排放烟气中的 CO$_2$ 进行富集和捕集为研究目标,提出在 XDL 水泥熟料节能煅烧工艺过程中耦合富氧燃烧技术和烟气再循环技术,以高浓度 O$_2$ 和部分循环烟气的混合气体代替空气组织煤粉燃烧,进行生料分解和熟料煅烧,以期提高水泥生产烟气中的 CO_2 浓度,同时降低单位水泥熟料的生产能耗和烟气排放量,为后续捕集与分离烟气中的 CO_2 创造有利条件,为未来开发出近零碳排放的第二代 XDL 节能煅烧水泥生产技术积累实践经验。

中国作为以煤炭为主要能源的发展中大国,面临着与日俱增的温室气体减排国际压力。我国作为世界第一水泥生产大国,实现对水泥工业烟气中 CO_2 的捕集与分离已迫在眉睫。本文的研究内容,符合国家中长期科技发展纲要中关于"重点研究开发主要行业二氧化碳、甲烷等温室气体的排放控制与处置利用技术"的需求,是国家中长期科技发展纲要支持的重点科研领域。对于实现我国水泥工业适应全球经济发展和环境保护的要求,实现低碳经济的发展战略目标和减少温室气体排放,走低碳经济的发展道路,有着极其重要的推动作用。

1.5.2　所面临的挑战

本书基于自主开发的 XDL 水泥熟料节能煅烧新技术,提出在水泥熟料烧成过程采用富氧燃烧和烟气再循环技术富集烟气中的 CO_2,进而对 CO_2 进行捕集,实现高效能 CO_2 回收及利用的近零排放工艺技术路线。

基于该技术思路,本书主要开展将富氧燃烧和烟气再循环技术与 XDL 水泥熟料节能煅烧工艺技术相耦合的基础与半工业化实验研究。首先针对 CO_2 浓度大幅提高的烟气被循环用于 XDL 节能煅烧工艺系统后,水泥生料中碳酸盐分解反应气氛条件较传统工艺发生显著变化的工程实际,开展高浓度 CO_2 气氛下石灰石热分解反应的反应特性和动力学研究,分析石灰石在高浓度 CO_2 气氛下的热分解反应机理,确定其机理函数和反应动力学参数,以及高浓度 CO_2 气氛 $CaCO_3$ 热分解反应过程的影响规律,为后续在 XDL 节能煅烧工艺系统上使用富氧燃烧和烟气再循环技术富集烟气中的 CO_2 提供理论基础;然后在自主研发的 XDL 节能煅烧半工业化实验平台上开展富氧燃烧技术条件下水泥生料的悬浮预热分解半工业化实验,确定富氧燃烧技术条件下,水泥生料的分解反应特性和烟气中 CO_2 排放浓度的变化规律;接着针对未来在工业化规模的 XDL 节能煅烧生产系统上采用富氧燃烧技术,进行富氧燃烧技术与 XDL 节能煅烧技术的耦合性研究,建立以系统风量、CO_2 排放浓度、单位能耗及系统产能为考核指标的多目标优化模型,使用 MATLAB 7.0 软件编程、计算求解,确定在日产 2 500 t 水泥熟料的 XDL 节能煅烧生产系统上使用富氧燃烧和烟气再循环技术后的最佳工艺控制参数；最后，基于用富氧燃烧技术实现水泥生产烟气中 CO₂ 浓度的富集后，采用深冷冷冻法对烟气中的 CO₂ 进行液化分离，将液态 CO₂ 产品用于油气田驱油以提高原油采收率的 CO₂ 富集捕集、利用与封存的技术路线，分别对 CO₂ 捕集、储运和封存三个环节进行技术经济性评价。

具体研究方案如图 1.10 所示。

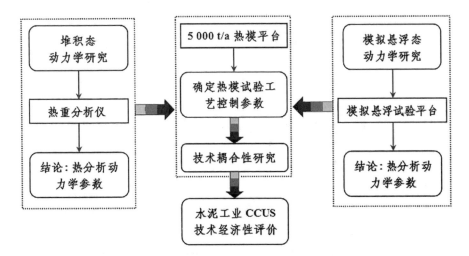

图 1.10　本课题研究的实验技术路线图

参考文献

[1]   绿色煤电有限公司.挑战全球气候变化——二氧化碳捕集与封存[M].
       北京：中国水利水电出版社,2008：16-136.

[2]   中国科技部."十二五"国家碳捕集利用与封存科技发展专项规划[EB/
       OL].http：//www.most.gov.cn/tztg/201303/t20130311_100051.html,
       2013-03-11.

[3]   宣亚雷.二氧化碳捕集与封存技术应用项目风险评价研究[D].大连：
       大连理工大学,2013.

[4]   白冰,李小春,刘延锋,等.中国 CO_2 集中排放源调查及其分布特征[J].
       岩石力学与工程学报,2006,25（增1）：2918-2923.

[5]   陈诗一.能源消耗、二氧化碳排放与中国工业的可持续发展[J].经济
       研究,2009（4）：23-27.

[6]   陆诗建,杨向平,李清方,等.烟道气二氧化碳分离回收技术进展[J].
       应用化学,2009（8）：1207-1209.

[7]   徐东,张军.变压吸附分离工业废气中的二氧化碳的研究进展[J].化
       工进展,2010（1）：150-162.

[8]   于芳,宋宝华.二氧化碳捕集技术发展动态研究[J].研究进展,2009
       （10）：27-30.

[9]   栾健,陈德珍.二氧化碳减排技术及趋势[J].能源研究及信息,2009
       （2）：88-93.

[10]   李小林,鲁涛.二氧化碳分离技术在烟气分离中的发展现状[J].现代
       化工,2009（4）：25-30.

[11]   韩桂芬,张敏,包立.CCUS技术路线及发展前景探讨[J].电力科技与
       环保,2012（4）：8-10.

[12]   P.Nejat, F.Jomehzadeh, M.M.Taheri, et al. A global review of energy
       consumption, CO_2 emissions and policy in the residential sector（with
       an overview of the top ten CO_2 emitting countrres）[J]. Renewable and
       Sustainable Energy Reviews,2015（43）：843-862.

[13]   张楠,郭丽娟.我国水泥工业发展状况研究[J].赤峰学院学报（自然
       科学版）,2009（2）：129-131.

[14] 韩仲琦 . 低碳经济与我国水泥工业 [J].21 世纪建筑材料,2010（1）: 7-11.

[15] 夏明珠,严莲荷,雷武,等 . 二氧化碳的分离回收技术与综合利用 [J]. 现代化工,1999（5）: 46-48.

[16] T. Mimura. Research and development on energy saving technology for flue gas carbon dioxide recovery and steam system in power plant[J] . Energy Convers Mgmt ,1995 ,36（6）: 397 – 400.

[17] D PHagewiesche, S.S.Ashour. Absorption of carbon dioxide into aqueous blends of mono ethanolamine and n-methyl diet handlamine [J]. Chemical Engineering Science,1995,50（7）: 1071-1079.

[18] G.F.Versteeg,L.A.Van Dijck,P.M.Van Swaaij. On the kinetics between CO_2 and alkanolamines both in aqueous and non-aqueous solutions, An overview[J].Chemical Engineering Communications,1996,144: 113-158.

[19] 惠文博 . 加压脱除富氧燃烧烟气酸性污染物的模拟计算及实验研究 [D]. 杭州 : 浙江大学,2013.

[20] 杜敏 . 基于 pH 摆动法的醇胺液吸收 – 解吸 CO_2 动力学特性研究 [D]. 重庆 : 重庆大学,2010.

[21] 梁志武,那艳清,李文生 . 单乙醇胺（MEA）捕获二氧化碳过程解析能耗的模拟 [J]. 湖南大学学报（自然科学版）,2009（11）: 57-61.

[22] 曾令可,李萍,程小苏,等 . 窑炉烟气中二氧化碳的回收工艺探讨 [J]. 中国陶瓷工业,2009（2）: 1-4.

[23] H.A. Rangwala. Absorp tion of carbon dioxide into aqueous solutions using hollow fiber embrane contactors[J].J.Membr.Sci.,1996,112: 229-235.

[24] 马双忱,孙云雪,马京香,等 . 电厂烟气中二氧化碳的捕集技术 [J]. 电力环境保护,2009（12）: 58-62.

[25] 尹文萱,刘建周,王志华,等 . 有机胺回收烟道气中二氧化碳的工艺研究 [J]. 煤炭工程,2009（5）: 79-81.

[26] 刘应书,郑新港,刘文海,等 . 烟道气低浓度二氧化碳的变压吸附法富集研究 [J]. 现代化工,2009（7）: 76-79.

[27] M.L.Gray, Y.Soong, K.J.Champagne, et al.CO_2 capture by amine-en-riched fly ash carbon sorbents[J].Separation and Purification Technology,2004（35）: 31-36.

[28] N.Haimour, O.C.Sandall. Absorption of Carbon Dioxide into Aqueous

Methyl die than olamine [J].Chemical Engineering Science,1984,12: 1791-1796.

[29] E.Singh, E.Croiset, P.Douglas, et al. Techno-economic study of CO_2 capture from an existing coal-fired power plant：MEA scrubbing vs O_2/CO_2 recycle combustion [J].Energy Conversion and Management, 2003,44（5）: 3073-3091.

[30] R.Idem, M.Wilson.Pilot plant studies of the CO_2 capture performance of aqueous MEA and mixed MEA/MDEA solvents at the University of Regina CO_2 capture technology development plant and the boundary dam CO_2 capture demonstrate-on plant [J]. Industrial and Engineering Chemistry Research,2006,45（8）: 2414-2420.

[31] 刘宇.多联产能源系统设计和实施过程关键问题研究 [D].北京：清华大学,2007.

[32] 康重庆,陈启鑫,夏清.应用于电力系统的碳捕集技术及其带来的变革 [J].电力系统自动化,2010（1）: 1-7.

[33] 王燕.气流床燃烧气化及壁面熔渣沉积特性的数值模拟 [D].南京：东南大学,2007.

[34] 骆永国.基于热泵技术的 MEA 法 CO_2 捕集系统模拟分析 [D].青岛：山东科技大学,2011.

[35] 翟融融.氧化碳减排机理及其与火电厂耦合特性研究 [D].北京：华北电力大学,2010.

[36] 霍志红.增压富氧燃烧 CFB 传热特性研究 [D].北京：华北电力大学,2011.

[37] 魏斌.富氧燃烧技术及其对环境的影响概述 [J].城市建设理论研究,2012（4）: 2095-2104.

[38] 王海亮,王运军,魏继平,等.富氧气氛下煤粉燃烧产生污染物排放研究进展 [J].锅炉技术,2014（02）: 41-43.

[39] 毛玉如.循环流化床富氧燃烧技术的实验和理论研究 [D].杭州：浙江大学,2003.

[40] 曹华丽.煤粉富氧燃烧过程中 NO_x 生成和还原特性的研究 [D].哈尔滨：哈尔滨工业大学,2011.

[41] 翟明洋,林千果,马丽,等.电力行业碳捕集现状和发展趋势 [J].环境科技,2014（2）: 65-69.

[42] 张霞,童莉葛,王立,等.富氧燃烧技术的应用现状分析 [J].冶金能源,2007（6）: 41-44,60.

[43] 邓中乙．基于钙基载氧体化学链燃烧还原特性研究 [D]. 南京：东南大学, 2009.

[44] 盛金贵, 增压富氧条件下煤燃烧特性模型及实验研究 [D]. 北京：华北电力大学, 2012.

[45] 何其昂．我省水泥预分解窑的现状及发展 [J]. 云南建材, 2002（2）：32-36.

[46] 邓大鹏．高能效的低碳水泥工业发展综述 [J]. 四川化工, 2012（6）：17-19.

[47] 贾华平．富氧煅烧在水泥熟料生产中的节煤机理 [J]. 四川水泥, 2013（1）：112-115.

[48] 丁强, 郭福忠, 王文青．富氧燃烧在水泥回转窑生产上的应用理论 [J]. 科技信息, 2010（8）：52-54.

[49] 许远平．循环流化床锅炉富氧燃烧仿真研究 [D]. 厦门：厦门大学, 2013.

第 2 章

高浓度 CO_2 气氛下石灰石热分解反应动力学研究

2.1 引 言

水泥生料中的碳酸盐分解属强吸热反应,是水泥生产工艺过程中最大的非能源 CO_2 排放源[1],占水泥工业 CO_2 总排放量的 56.49%。而水泥生料中的碳酸盐主要以石灰石的形式存在,所以研究石灰石的热分解动力学行为对于掌握水泥生料分解过程的反应规律具有重要意义。

对于石灰石的热分解过程国内外学者已进行了大量研究,但实验条件和计算方法不尽相同。郑瑛等[2,3]利用双外推法对纯 CO_2 和纯 N_2 气氛条件下的分析纯 $CaCO_3$ 分解反应动力学进行了研究;Wei 等[4] 在空气、纯 N_2 和低 CO_2 浓度(10%~30%)气氛条件下开展了悬浮态石灰石的热分解动力学研究;张薇等[5,6]利用自制的高温、悬浮态气固反应实验台,对低浓度 CO_2 (CO_2 浓度为 0、7.1%、12% 和 16.9%)气氛条件下的水泥生料热分解动力学进行了研究;王世杰等[7,8]对纯 N_2 气氛下石灰石和水泥生料的热分解反应的动力学进行了研究;肖立柏等[9]研究了纯 N_2 气氛条件下粒度（纳米级）对碳酸钙热分解反应活化能的影响。综上所述，目前国内开展的有关石灰石动力学实验研究主要在堆积态下 O_2、N_2 和 CO_2 单一气体组分或低浓度 CO_2 气氛下进行，而随着富氧燃烧和烟气再循环技术在水泥生产过程中使用，石灰石的分解反应将不得不在高浓度 CO_2 气氛下进行，为了探明气氛中 CO_2 浓度变化对石灰石分解反应过程的影响，必须开展高浓度 CO_2 气氛下石灰石热分解反应的动力学研究，确定高浓度 CO_2 气氛下石灰石热分解反应的机理函数 $G(\alpha)$、指前因子 A 和表观活化能 $E_{\alpha \to 0}$；并探明不同工艺条件对石灰石热分解反应过程的影响关系，为后续开展富氧燃烧富集 CO_2 的半工业化实验提供理论支持。

鉴于在 XDL 节能煅烧反应系统中，石灰石是在悬浮态下与热烟气换热完成分解反应的，本章将在堆积态热分析实验的基础上，专门开展稀相模拟悬浮态条件下的石灰石热分解反应动力学研究，探索在高浓度 CO_2 气氛下物料分散状态变化对石灰石热分解反应的影响，以期为后续在自主开发的 XDL 节能煅烧实验系统上开展富氧燃烧半工业化实验提供更充分的理论依据。

2.2　实验部分

2.2.1　原料及分析

采用河南省某钙业有限公司提供的高纯度天然石灰石作为实验原料。用 X 射线荧光分析仪和 X 射线衍射仪对原料进行化学成分和矿物组成分析，分析结果如表 2.1 和图 2.1 所示；用激光粒度分布仪和扫描电子显微镜对原料颗粒的粒度分布和微观形貌进行分析检测，结果如表 2.2 和图 2.2 所示。

表 2.1　原料化学组成（单位：wt%）

项目	Loss	CaO	MgO	SiO_2	Al_2O_3	Fe_2O_3	P_2O_5	K_2O	SO_3	Sum
石灰石	44.27	53.84	0.37	0.29	0.24	0.31	0.06	0.04	0.12	99.54

表 2.2　原料颗粒的粒径分布

$\overline{d}$ /μm	d_{10}/μm	d_{50}/μm	d_{90}/μm
46.61	2.079	47.75	92.20

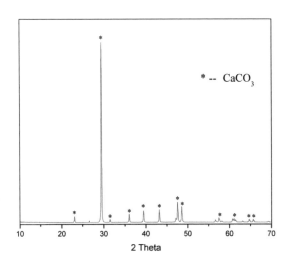

图 2.1　原料 XRD 图谱

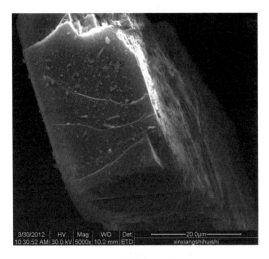

图 2.2　原料 SEM 图

2.2.2 实验设备

实验过程中涉及的主要实验设备和分析检测仪器如表 2.3 所示。

表 2.3 实验设备和分析检测仪器

设备名称	设备型号	生产单位
同步热分析仪（TGA）	TGA/DSC-1/1600	瑞士梅特勒 – 托利多公司
模拟稀相悬浮实验平台	TGA-16-1001P	中钢集团洛阳耐火材料研究院
扫描电子显微镜（SEM）	Quanta 200	捷克 FEI 公司
X 射线衍射仪（XRD）	D/MAX 2200	日本理学株式会社
X 射线荧光分析仪（XRF）	S4 PIONEER	德国布鲁克公司
激光粒度分布仪（LPSA）	LS 320	美国贝克曼库尔特香港公司

2.2.3 堆积态下石灰石热分解反应的实验方法

用瑞士梅特勒 – 托利多公司生产的 TGA/DSC-1/1600 STARE System 热重分析仪测量样品的热重（TG）曲线和差热（DTA）曲线，开展高浓度 CO_2 气氛下堆积态石灰石热分解反应动力学的实验研究。

热重分析仪的控制程序设定如下：实验温度范围控制在 323.15～1373.15 K；反应吹扫气为 N_2/CO_2，气体流量为 100 mL/min，其中 CO_2 浓度（体积分数）分别控制为 30%、40%、50%、60%、70%、80%、90% 和 100%。

称取 6.5（±0.5）mg 的石灰石样品放入铂金坩埚，置于设定条件的热重分析仪中，分别以 5.0 K/min、7.5 K/min、10.0 K/min、15.0 K/min 和 20.0 K/min 的升温速率将石灰石样品由 323.15 K 加热至 1373.15 K，记录热重（TG）曲线和差热（DTA）曲线测量值，直至样品达到恒重状态。

2.2.4　稀相模拟悬浮态下石灰石热分解反应的实验方法

使用具有自主知识产权的稀相模拟悬浮综合多功能实验平台开展高浓度 CO_2 气氛下悬浮态石灰石热分解反应动力学研究。稀相模拟悬浮态综合实验平台主要由气源、流量计、混气室、发热体、热电偶、压力表、电子天平、真空泵和控制 PC 端组成,如图 2.3 所示。

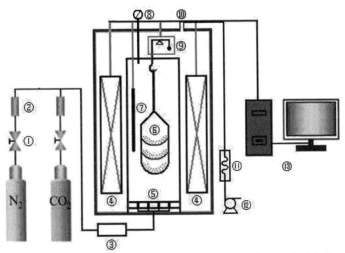

①减压阀 ②流量计 ③混气室 ④发热体 ⑤进气口 ⑥吊笼 ⑦热电偶
⑧压力表 ⑨电子天平 ⑩出气口 ⑪水冷槽 ⑫真空泵 ⑬控制电脑

图 2.3　稀相模拟悬浮实验平台简图

具体实验方法为:开启实验平台控制系统和数据采集系统,称取质量为 5.0(±0.5)g 的石灰石样品,将样品以极薄的料层均匀分散在多层微孔硅铝纤维纸编织的吊篮上,吊篮悬挂于气氛炉腔中,确保石灰石样品可与气氛充分接触,模拟物料在气流中的稀相悬浮状态;关闭炉腔使其处于密闭状态,进行抽真空处理;开启气氛控制系统通入 N_2/CO_2 气氛的吹扫气,气体流量为 10 L/min, CO_2 浓度分别控制为 50% 和 80%,分别以 5.0 K/min、10.0 K/min、15.0 K/min 和 20 K/min 的升温速率将炉温从 323.15 K 升高至 1373.15 K,测量石灰石试样质量随时间的变化并记录热重变化曲线,直至样品恒重,关闭发热体控制系统和数据采集系统,降温至室温结束实验。

2.3 动力学分析方法

采用改进的双外推法对堆积态和稀相模拟悬浮态下石灰石热分解反应的 TGA 实验数据进行动力学研究[10-14]。

石灰石热分解反应方程式如（2-1）所示：

$$CaCO_3（s）\rightarrow CaO（s）+CO_2（g） \tag{2-1}$$

在动力学研究中，常用微分方程（2-2）和积分方程（2-3）两种形式来描述化学反应动力学。

$$\frac{d\alpha}{dt}=k(T)f(\alpha) \tag{2-2}$$

$$G(\alpha)=\int_0^\alpha \frac{d\alpha}{f(\alpha)}=\int_0^t k(T)dt \tag{2-3}$$

在非等温条件下 $T=T_0+\beta t$，其中 T_0 为反应起始温度，K；α 为升温速率，K/min；$k（T）$为速率常数，采用 Arrhenius 关系式，$k(T)=A\exp(-E/RT)$。则石灰石热分解反应的动力学微分方程和积分方程分别为（2-4）和（2-5）所示。

$$\frac{d\alpha}{dT}=\frac{A}{\beta}f(\alpha)\exp(-\frac{E}{RT}) \tag{2-4}$$

$$G(\alpha)=\int_0^\alpha \frac{d\alpha}{f(\alpha)}=\frac{A}{\beta}\int_{T_0}^T \exp(-\frac{E}{RT})dT \tag{2-5}$$

双外推法就是将 Coats-Redfern 积分式（2-6）和 Flynn-Wall-Ozawa 积分式（2-7）相结合的计算方法。

$$\ln(G(\alpha)/T^2)=\ln(AR/(\beta E))-E/(RT) \tag{2-6}$$

$$\lg\beta=\lg[AE/RG(\alpha)]-2.315-0.4567E/RT \tag{2-7}$$

非等温条件下，反应的机理函数为：

$$G(\alpha) = \int_0^\alpha \frac{d\alpha}{f(\alpha)} = \frac{A}{\beta} \int_{T_o}^T \exp(-\frac{E}{RT}) dT \qquad (2-8)$$

令 $u = \frac{E}{RT}$，则机理函数可表示为：

$$G(\alpha) = \frac{AE}{\beta R} \int_\infty^u \frac{-e^{-u}}{u^2} du \qquad (2-9)$$

再令 $p(u) = \int_\infty^u \frac{-e^{-u}}{u^2} du$，$p(u)$ 是温度的积分式，则反应的机理函数可表示为：

$$G(\alpha) = \frac{AE}{\beta R} p(u) \qquad (2-10)$$

当 $15 \leqslant u \leqslant 60$，Starink 微分式（2-11）与 Flynn-Wall-Ozawa 积分式（2-7）相比，Starink 方程中的 $P(u)$ 温度积分式的精度更高，所以用函数（2-12）计算出的

$$\ln(\beta / T^{1.8}) = C_S - 1.0037 E / RT \qquad (2-11)$$

$$G(\alpha) = \frac{AE}{\beta R} \cdot P(u) \qquad (2-12)$$

活化能 E 和机理函数都比 Flynn-Wall-Ozawa 的积分式更准确，本文采用 Starink 微分式（2-11）代替 Flynn-Wall-Ozawa 积分式，和 Coats-Redfern 积分式相结合的方法来求解石灰石热分解反应的动力学参数。

计算程序如图 2.4 所示。

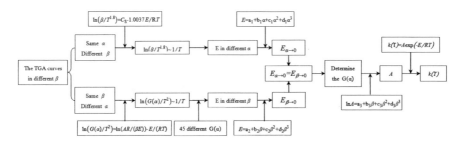

图 2.4 改进的双外推法流程图

由式（2-9）可知，当 α 为固定值时，$G(\alpha)$ 为定值，由 $\ln\beta$ 对 $1/T$ 作图，可得一条直线。由直线的斜率可计算出对应于一定 α 时的表观活化能 E。按方程 $E=a_1+b_1\alpha+c_1\alpha^2+d_1\alpha^3$ 将 α 外推为零，得到无任何副反应干扰、体系处于原始状态的 $E_{\alpha\to0}=a_1$ 值，即新物相晶核形成时的活化能。

由式（2-6）可知，当升温速率 β 恒定，由 $\ln(G(\alpha)/T^2)$ 对 $1/T$ 作图，便可得一条近似直线的曲线，该曲线的线性关系越佳，则 $G(\alpha)$ 的函数表达式越能代表反应过程的真实情况，由直线斜率可计算出表观活化能 E。从45个动力学机理函数 $G(\alpha)$ 中选出线性关系极佳且动力学参数又符合热分解反应一般规律的 $G(\alpha)$ 式，并由此计算出一定升温速率 β 时的表观活化能，再根据方程 $E=a_2+b_2\beta+c_2\beta^2+d_2\beta^3$ 和 $E_{\beta\to0}=a_2$，将升温速率 β 外推为零，从而进一步筛选出式 $G(\alpha)$，获得样品在热平衡态下的动力学参数 $E_{\beta\to0}$。

最后将选定的 $G(\alpha)$ 函数式的 $E_{\beta\to0}$ 值与 $E_{\alpha\to0}$ 值相比较，二者相同或相近者，其相应的 $G(\alpha)$ 函数式即为该反应过程的最概然机理函数。

在确定反应机理函数后，再根据该机理函数下 $\ln(G(\alpha)/T^2) \sim 1/T$ 直线的截距求出各升温速率下对应的反应指前因子 A，再由 $\ln A=a_3+b_3\beta+c_3\beta^2+d_3\beta^3$ 和 $\ln A_{\beta\to0}=a_3$ 将升温速率 β 外推为零，得到样品在热平衡态下的动力学参数 $\ln A_{\beta\to0}$，利用 A 和 E 的值，由 $k(T)=A\exp(-E/RT)$ 式可求出热分解反应的反应速率常数 $k(T)$。

2.4 石灰石热分解反应的热分析动力学研究

在富氧燃烧技术条件下，水泥工业烟气中的 CO_2 浓度将比现有水泥生产技术条件下有所提高，水泥生料中的石灰石将在高浓度 CO_2 气氛下进行热分解反应。为了进一步研究石灰石在高浓度 CO_2 气氛条件下的热分解反应动力学参数，选用高纯度石灰石为原料，在 CO_2 浓度为 $30\% \sim 100\%$ 的气氛条件下，采用 TGA 热重分析仪和稀相模拟悬浮综合实验平台分别进行堆积态和悬浮态下石灰石的热分解反应实验，利用改进双外推法来进行石灰石热分解反应的动力学研究。

2.4.1　堆积态下石灰石热分解反应的动力学研究

为了研究 N_2/CO_2 气氛中 CO_2 浓度对石灰石热分解反应动力学参数的影响关系，对 CO_2 浓度为 30%、40%、50%、60%、70%、80%、90% 和 100% 条件下石灰石热分解反应的动力学进行了系统的研究。

以 CO_2 浓度为 50% 气氛条件下石灰石热分解反应的 TGA 数据为例，由 TGA 实验数据得到不同升温速率 β 下石灰石热分解反应的转化率 α 随温度 T 的变化曲线。图 2.5 为不同升温速率 β 下石灰石热分解反应转化率 α 随温度 T 的变化曲线。

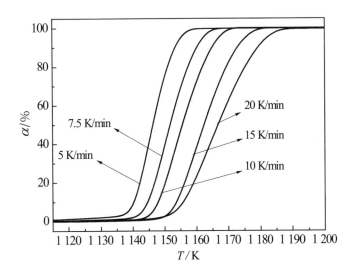

图 2.5　在 C_{CO_2}=50% 时不同升温速率下石灰石热分解反应转化率 α 随 T 的关系曲线

根据图 2.5 中的数据，利用 Starink 方程对其进行线性拟合，计算出不同升温速率 β 下各转化率 α 对应的反应温度 T，计算结果如表 2.4 所示。

将不同升温速率 β 和转化率 α 下石灰石热分解反应所对应的反应温度 T 带入（2–11）中进行拟合，可得不同转化率 α 下对应的 $\ln(\beta/T^{1.8})\sim 1/T$ 关系式和拟合系数 r。

表 2.4　不同升温速率 β 下各转化率 α 对应的反应温度 T 值

$\alpha/\%$	T/K				
	$\beta=20.0$ K/min	$\beta=15.0$ K/min	$\beta=10.0$ K/min	$\beta=7.5$ K/min	$\beta=5.0$ K/min
20	1 155.6	1 153.4	1 150.2	1 146.8	1 142.2
25	1 157.0	1 154.5	1 151.1	1 147.7	1 142.9
30	1 158.3	1 155.6	1 152.1	1 148.5	1 143.7
35	1 159.6	1 156.7	1 153.0	1 149.4	1 144.3
40	1 160.8	1 157.8	1 153.9	1 150.2	1 145.0
45	1 162.0	1 158.9	1 154.7	1 151.0	1 145.7
50	1 163.3	1 160.0	1 155.7	1 151.8	1 146.3
55	1 164.6	1 161.1	1 156.6	1 152.6	1 147.0
60	1 165.8	1 162.2	1 157.6	1 153.5	1 147.7
65	1 167.2	1 163.4	1 158.6	1 154.4	1 148.4
70	1 168.6	1 164.6	1 159.6	1 155.3	1 149.2
75	1 170.0	1 165.9	1 160.8	1 156.4	1 150.1
80	1 171.6	1 167.4	1 162.0	1 157.5	1 151.0
85	1 173.4	1 169.0	1 163.4	1 158.7	1 152.1
90	1 175.5	1 170.9	1 165.0	1 160.2	1 153.5

由（2-11）可知,利用各转化率 α 下对应的 $\ln(\beta/T^{1.8}) \sim 1/T$ 关系式的斜率可得不同转化率 α 下的活化能 E,计算结果如表 2.5 所示。

表 2.5　不同转化率 α 对应的 Starink 微分方程式、相关系数及

石灰石热分解反应活化能

$\alpha/\%$	$\ln(\beta/T^{1.8}) \sim 1/T$	r	$E/$（kJ/mol）
20	$\ln(\beta/T^{1.8}) = -133\,215 \times \dfrac{1}{T} + 105.52$	0.994 4	1 103.5
25	$\ln(\beta/T^{1.8}) = -128\,025 \times \dfrac{1}{T} + 100.90$	0.995 6	1 060.5
30	$\ln(\beta/T^{1.8}) = -123\,402 \times \dfrac{1}{T} + 96.793$	0.996 4	1 022.2
35	$\ln(\beta/T^{1.8}) = -118\,741 \times \dfrac{1}{T} + 92.659$	0.997 2	983.57
40	$\ln(\beta/T^{1.8}) = -114\,761 \times \dfrac{1}{T} + 89.125$	0.997 5	950.61
45	$\ln(\beta/T^{1.8}) = -111\,010 \times \dfrac{1}{T} + 85.794$	0.997 8	919.53
50	$\ln(\beta/T^{1.8}) = -107\,121 \times \dfrac{1}{T} + 82.347$	0.998 2	887.32
55	$\ln(\beta/T^{1.8}) = -103\,627 \times \dfrac{1}{T} + 79.247$	0.998 5	858.38
60	$\ln(\beta/T^{1.8}) = -100\,871 \times \dfrac{1}{T} + 76.789$	0.998 5	835.55
65	$\ln(\beta/T^{1.8}) = -97\,554 \times \dfrac{1}{T} + 73.845$	0.998 8	808.07
70	$\ln(\beta/T^{1.8}) = -94\,700 \times \dfrac{1}{T} + 71.303$	0.998 9	784.43
75	$\ln(\beta/T^{1.8}) = -92\,216 \times \dfrac{1}{T} + 69.081$	0.998 9	763.86
80	$\ln(\beta/T^{1.8}) = -89\,384 \times \dfrac{1}{T} + 66.554$	0.999 1	740.40
85	$\ln(\beta/T^{1.8}) = -86\,562 \times \dfrac{1}{T} + 64.032$	0.999 3	717.02
90	$\ln(\beta/T^{1.8}) = -83\,657 \times \dfrac{1}{T} + 61.428$	0.999 5	692.96

运用 $E=a_1+b_1\alpha+c_1\alpha^2+d_1\alpha^3$ 和 $E_{\alpha\to 0}=a_1$，将转化率 α 和 E 进行拟合，拟合曲线如图 2.6 所示。将 α 外推至 0 时，即可得到 N_2/CO_2 气氛下，CO_2 浓度为 50% 时，石灰石热分解反应过程中新物相 CaO 晶核形成时的表观活化能 $E_{\alpha\to 0}$。

利用 45 个机理函数的表达式 $G(\alpha)$ 计算不同升温速率 β 下不同转化率 α 所对应的 $G(\alpha_i)$，运用 Coats-Redfern 积分式（2-6）进行线性拟合，再运用 $E=a_2+b_2\beta+c_2\beta^2+d_2\beta^3$ 和 $E_{\beta\to 0}=a_2$，得到不同升温速率 β 下石灰石热平衡时的活化能 $E_{\beta\to 0}$，然后选出线性相关性较好机理函数（如表 2.6 所示，见下页）的 $E_{\beta\to 0}$ 与 $E_{\alpha\to 0}$ 对比分析。若 $E_{\beta\to 0}$ 与 $E_{\alpha\to 0}$ 相同或最为相近，则其对应的机理函数即为 N_2/CO_2 气氛下 CO_2 浓度为 50% 时的最概然机理函数。从图 2.6 中可以看出石灰石热分解反应转化率与活化能之间的拟合曲线为：$E=-0.000\,4\alpha^3+0.092\,7\alpha^2-12.225\alpha+1\,314.3$，所以 $E_{\alpha\to 0}=1\,314.3$ kJ/mol，和表 2.6 中机理函数 $G(\alpha)=[-\ln(1-\alpha)]^{2/5}$ 所对应的 $E_{\beta\to 0}=1310.9$ kJ/mol 最为接近，所以在 N_2/CO_2 气氛下 CO_2 浓度为 50% 时石灰石热分解反应的最概然机理函数为 $G(\alpha)=[-\ln(1-\alpha)]^{2/5}$，机理模型是随机成核和随后生长模型，反应级数 n 为 2/5。

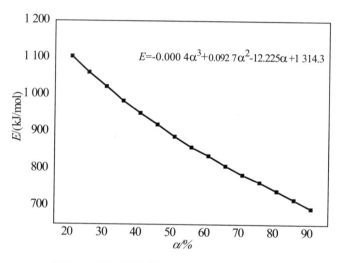

图 2.6　石灰石热分解反应的 $E\sim\alpha$ 关系曲线

由机理函数 $G(\alpha)=[-\ln(1-\alpha)]^{2/5}$ 的 $\ln\left(G(\alpha)/T^2\right)\sim 1/T$ 曲线所得截距求出不同升温 β 所对应的反应指前因子 $\ln A_i$，结果如表 2.7 所示。再由 $\ln A=a_3+b_3\beta+c_3\beta^2+d_3\beta^3$ 和 $\ln A_{\beta\to 0}=a_3$ 将升温速率 β 外推至 0，可得石灰石样品在热平衡状态下的动力学参数 $\ln A_{\beta\to 0}=137.18$，拟合曲线如图 2.7 所示。

表 2.7　不同升速率下对应的指前因子 $\ln A_i$ 的值

$\beta/$（K/min）	20.0	15.0	10.0	7.5	5.0
$\ln A_i$（A/s^{-1}）	51.01	57.67	68.16	75.26	90.23

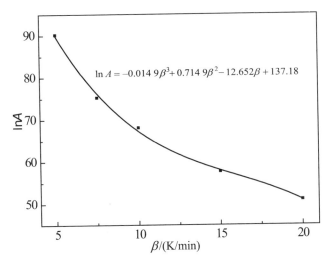

图 2.7　石灰石分解反应的指前因子 $\ln A$ 与 β 的拟合曲线

由反应速率常数 $k = A\exp(-E/RT)$ 的表达式得知：$\ln k = \ln A - E/RT$，将求出的指前因子 $\ln A_{\beta \to 0} = 137.18$ 和表观活化能 $E_{\alpha \to 0} = 1\ 314.3$ kJ/mol 值代入 $\ln k = \ln A - E/RT$ 中，可求出反应速率常数 k 与反应温度 T 之间的关系表达式 $k(T) = 137.18 - 158\ 082.9/T$。

所以，在 N_2/CO_2 气氛中，当 CO_2 浓度为 50% 时，本研究所用石灰石样品的热分解反应最概然机理函数为 $G(a) = [-\ln(1-\alpha)]^{2/5}$，机理模型是随机成核和随后生长模型，反应级数 n 为 2/5；反应活化能 $E = 1\ 314.3$ kJ/mol；指前因子 $\ln A = 137.18$；反应速率常数 $k(T) = 137.18 - 158\ 082.9/T$。

分别计算在 N_2/CO_2 气氛中，当 CO_2 浓度为 30%、40%、60%、70%、80%、90% 和 100% 时，石灰石热分解反应的最概然机理函数 $G(\alpha)$；反应级数 n；反应活化能 E；指前因子 $\ln A$ 和反应速率常数 $k(T)$，计算结果如表 2.8 所示。

由表 2.8 可知：在 N_2/CO_2 气氛下，CO_2 浓度为 30% ～ 100% 时，石灰石热分解反应的最概然机理函数满足 Avrami-Erofeev 方程，即 $G(\alpha) = \left[-\ln(1-\alpha)\right]^n$。当 CO_2 浓度为 30%、40% 和 50% 时，反应级数 n

为 2/5，当 CO_2 浓度为 60% 和 70% 时，反应级数 n 为 1/2，当 CO_2 浓度为 80%、90% 和 100% 时，反应级数 n 为 2/3。所以随着 CO_2 浓度的提高，石灰石热分解反应级数依次增加，所以 CO_2 浓度对石灰石热分解反应的反应速率 k 影响越大；随着 CO_2 浓度的增加，石灰石热分解反应的表观活化能 $E_{\alpha \to 0}$ 逐渐增加，如图 2.8 所示，对表观活化能 $E_{\alpha \to 0}$ 与 CO_2 浓度进行拟合，得到石灰石热分解分解反应过程中新物相晶核形成的活化能与 CO_2 浓度的关系式为 $E_{\alpha \to 0} = 655.19 e^{1.396 C_{CO_2}}$，所以随着 CO_2 浓度的增加，石灰石热分解反应越难以进行；随着 CO_2 浓度的增加，石灰石热分解反应指前因子的自然对数 $\ln A$ 也呈现递增之势，如图 2.9 所示，对其与 CO_2 浓度进行拟合，得到石灰石热分解反应指前因子的自然对数与 CO_2 浓度的关系式为 $\ln A = 71.56 e^{1.254 C_{CO_2}}$，所以 CO_2 浓度越高，石灰石热分解反应的指前因子越大，反应温度 T 对石灰石热分解反应速率常数 k 的影响越显著；随着 CO_2 浓度的增加，石灰石热分解反应速率常数 k 的自然对数 $\ln k$ 也呈现规律性变化，对其与 CO_2 浓度进行拟合，得到石灰石热分解反应速率常数的自然对数 $\ln k$ 与 CO_2 浓度的关系式为 $\ln k = 71.56 e^{1.254 C_{CO_2}} - 78\,806 e^{1.395 C_{CO_2}} / T$，故 CO_2 浓度的降低和反应温度 T 的增加，可提高石灰石分解反应过程的反应速率 k，也呈现规律性变化，对其与 CO_2 浓度进行拟合，得到石灰石热分解反应速率常数的自然对数 $\ln k$ 与 CO_2 浓度的关系式为 $\ln k = 71.56 e^{1.254 C_{CO_2}} - 78\,806 e^{1.395 C_{CO_2}} / T$，故 CO_2 浓度的降低和反应温度 T 的增加，可提高石灰石分解反应过程的反应速率 k。

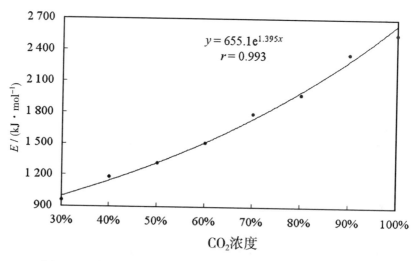

图 2.8　石灰石热分解反应的反应活化能 E 随 CO_2 浓度变化曲线

表 2.6　不同升温速率下线性相关性较好的机理函数所得的表观活化能值

$G(\alpha)$	$\beta=20.0$ K/min		$\beta=15.0$ K/min		$\beta=10.0$ K/min		$\beta=7.5$ K/min		$\beta=5.0$ K/min		$\beta \to 0$ K/min	
	$E/(kJ/mol)$	r	$E/(kJ/mol)$	r	$E/(kJ/mol)$	r	$E/(kJ/mol)$	r	$E/(kJ/mol)$	r	$E/(kJ/mol)$	r
$G(a)=[-\ln(1-\alpha)]^{2/5}$	496.24	0.993 8	560.83	0.992 4	661.60	0.991 5	729.17	0.991 6	870.47	0.990 6	1 310.9	0.997 5
$G(a)=[-\ln(1-\alpha)]^{1/3}$	410.30	0.993 7	464.14	0.992 3	548.13	0.991 4	604.44	0.991 5	722.22	0.990 5	1 089.4	0.997 4
$G(a)=[-\ln(1-\alpha)]^{1/4}$	302.88	0.993 5	343.27	0.992 1	406.29	0.991 2	448.54	0.991 3	536.89	0.990 5	812.27	0.997 4
$G(a)=[-\ln(1-\alpha)]^{3/4}$	947.40	0.994 0	1 068.5	0.992 4	1 257.3	0.991 9	1 383.9	0.991 6	1 648.8	0.990 7	2 474.5	0.997 4
$G(a)=[-\ln(1-\alpha)]^{3/2}$	1 914.2	0.994 2	2 156.2	0.992 7	2 533.9	0.991 7	2 787.1	0.991 8	3 316.7	0.990 9	4 967.7	0.997 3
$G(a)=[-\ln(1-\alpha)]^{1/2}$	625.14	0.993 9	705.87	0.992 5	831.82	0.991 6	916.25	0.991 7	1 092.9	0.990 7	1 643.4	0.997 3

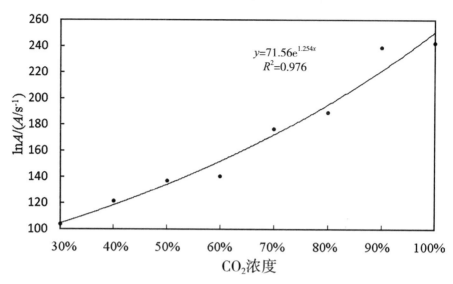

$$y=71.56e^{1.254x}$$
$$R^2=0.976$$

图 2.9　石灰石热分解反应指前因子的自然对数 ln$A$ 随 CO_2 浓度变化曲线

由于水泥工业富氧燃烧 CO_2 捕集技术条件下,石灰石热分解反应气氛中 CO_2 浓度越高越利于后续 CO_2 捕集过程的进行,所以,在后续半工业化实验研究和工业化生产过程中,应尽量提高反应温度 T 以弥补由于 CO_2 浓度增加对石灰石热分解反应过程带来的不利影响,而采用富氧燃烧技术恰恰就有提高燃烧温度的技术优势,可以满足由于系统中 CO_2 浓度增加对水泥生料中碳酸盐热分解反应温度升高的技术要求。

2.4.2　模拟悬浮态下石灰石热分解反应的热分析动力学研究

在水泥熟料的实际生产过程中,水泥生料中的碳酸盐热分解反应并非在堆积态下进行的,而是在稀相悬浮态下实现的热分解反应过程。为了更加准确地探究石灰石在水泥工业中的热分解反应过程,在研究堆积态石灰石热分解动力学的基础上,采用稀相模拟悬浮多功能综合实验平台对石灰石在稀相悬浮态、N_2/CO_2 气氛中 CO_2 浓度为 50% 和 80% 技术条件下的热分解反应动力学进行了研究,确定石灰石热分解反应的动力学参数,并与堆积态下的动力学参数进行对比分析,以期得到更具工程实际意义的动力学参数。

表 2.8　不同 C_{CO_2} 下石灰石热分解反应的 $G(\alpha)$、n、$E_{\alpha \to 0}$、$\ln A$、$k(T)$ 和 r

CO_2浓度/%	$G(\alpha)$	n	$E_{\alpha \to 0}$ (kJ/mol)	$\ln(A/\mathrm{s}^{-1})$	$k(T)$	r
30	$G(\alpha)=[-\ln(1-\alpha)]^{2/5}$	2/5	958.3	103.67	$\ln k = 103.67 - 115\,261.0/T$	1.000 0
40	$G(\alpha)=[-\ln(1-\alpha)]^{2/5}$	2/5	1 183.4	121.16	$\ln k = 121.16 - 142\,338.2/T$	0.999 9
50	$G(\alpha)=[-\ln(1-\alpha)]^{2/5}$	2/5	1 314.3	137.18	$\ln k = 137.18 - 158\,082.9/T$	0.999 9
60	$G(\alpha)=[-\ln(1-\alpha)]^{1/2}$	1/2	1 510.4	140.28	$\ln k = 140.28 - 181\,669.5/T$	1.000 0
70	$G(\alpha)=[-\ln(1-\alpha)]^{1/2}$	1/2	1 788.8	176.73	$\ln k = 176.73 - 215\,155.2/T$	1.000 0
80	$G(\alpha)=[-\ln(1-\alpha)]^{1/2}$	1/2	1 974.6	189.30	$\ln k = 189.30 - 237\,503.0/T$	1.000 0
90	$G(\alpha)=[-\ln(1-\alpha)]^{2/3}$	2/3	2 365.0	238.84	$\ln k = 238.84 - 284\,460.0/T$	0.999 8
100	$G(\alpha)=[-\ln(1-\alpha)]^{2/3}$	2/3	2 556.1	242.44	$\ln k = 242.44 - 307\,445.3/T$	1.000 0

为了研究高浓度 CO_2 气氛下，物料分散状态对石灰石热分解反应动力学参数的影响关系，选定不同富氧燃烧技术条件下具有代表性的烟气 CO_2 浓度（50% 和 80%）进行悬浮态石灰石热分解反应动力学研究。

采用本书 2.1 和 2.2 所述的实验原料和实验方法，对 N_2/CO_2 气氛下，CO_2 浓度为 50% 和 80%，在稀相悬浮态开展石灰石热分解反应的动力学实验研究。得到稀相悬浮态下，CO_2 浓度分别为 50% 和 80% 时，不同升温速率 β 下石灰石热分解反应转化率 α 随温度 T 的变化曲线，如图 2.10 所示。

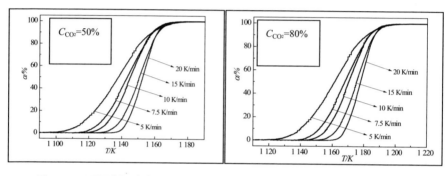

图 2.10　不同升温速率下石灰石热分解反应的转化率 α 随温度 T 变化曲线

采用本文 2.3 所述的石灰石热分解反应动力学分析方法，对 N_2/CO_2 气氛下，CO_2 浓度为 50% 和 80%，在稀相悬浮态下石灰石热分解反应的动力学进行计算。所得石灰石热分解反应过程的最概然机理函数 $G(\alpha)$；反应级数 n；反应活化能 E；指前因子 $\ln A$ 和反应速率常数 $k(T)$，与反应气氛控制条件相同的堆积态动力学参数对比分析如表 2.9 所示。

由表 2.9 可知，在模拟稀相悬浮态下，石灰石在 CO_2 浓度为 50% 和 80% 的热分解反应的最概然机理函数仍满足 Avrami-Erofeev 方程，表观活化能 $E_{\alpha \to 0}$ 分别为 1 255.3 kJ/mol 和 1 808.8 kJ/mol，指前因子的自然对数 $\ln A$ 分别为 127.86 和 159.37。在相同气氛下，两种状态下的石灰石热分解反应机理函数均满足 Avrami-Erofeev 方程，反应模型为随机成核和随后生长模型，即 $G(\alpha) = \left[-\ln(1-\alpha) \right]^n$，但反应级数 n、活化能 E、指前因子 A 和反应速率常数 $k(T)$ 不同。相对于堆积态而言，悬浮态下石灰石的热分解反应表观活化能 $E_{\alpha \to 0}$ 和反应指前因子 $\ln A$ 均有所降低。

表 2.9　稀相悬浮态和堆积态下 CO_2 浓度为 50% 和 80% 时石灰石热分解的

$G(\alpha)$、n、$E_{\alpha \to 0}$、$\ln A$ 和 $k(T)$

CO_2 浓度	状态	$G(\alpha)$	n	$E_{\alpha \to 0}$ kJ/mol	$\ln A$ A/s^{-1}	$k(T)$
50%	堆积态	$G(\alpha) = \left[-\ln(1-\alpha)\right]^{2/5}$	2/5	1 314.3	137.18	$\ln k = 137.18 - 158\,082.9/T$
	悬浮态	$G(\alpha) = \left[-\ln(1-\alpha)\right]^{2/5}$	2/5	1 255.3	127.86	$\ln k = 127.86 - 150\,986.3/T$
80%	堆积态	$G(\alpha) = \left[-\ln(1-\alpha)\right]^{1/2}$	1/2	1 974.6	189.30	$\ln k = 189.30 - 237\,503.0/T$
	悬浮态	$G(\alpha) = \left[-\ln(1-\alpha)\right]^{3/4}$	3/4	1 808.8	159.37	$\ln k = 159.37 - 217\,560.7/T$

2.4.3　CO_2 浓度对反应过程的影响

采用瑞士梅特勒 – 托利多公司生产的 TGA/DSC–1/1600 STARE System 热重分析仪开展高 CO_2 浓度对堆积态 $CaCO_3$（Analytical Reagent，AR）热分解反应过程影响的实验研究。

热重分析仪控制程序设定如下：实验温度控制范围为 $323.15 \sim 1\,373.15$ K；石灰石热分解反应吹扫气为 N_2/CO_2，气体流量为 100 mL/min，其中 CO_2 浓度分别控制为 40%、50%、60%、70%、80%、90% 和 100%。

称取 6.5(±0.5)mg 的 $CaCO_3$ 样品放入铂金坩埚，置于热重分析仪中，以 5.0 K/min 的升温速率将样品由 323.15 K 加热至 1 373.15 K，记录热重（TG）曲线和差热（DTA）曲线测量值。

由 TGA 实验数据可得不同 CO_2 浓度下 $CaCO_3$ 热分解反应的 TG 和 DTG 曲线，如图 2.11 和图 2.12 所示。

表 2.10 列出了不同 CO_2 浓度下分析纯 $CaCO_3$ 热分解反应的起始温度、终点温度、最大失重速率以及所对应的最大失重速率下的反应温度。

由图 2.11 和表 2.10 可知：在 N_2/CO_2 气氛下，CO_2 浓度为 40% ～ 100% 时，$CaCO_3$（AR）热分解反应起始温度随着 CO_2 浓度的增加而升高，由 CO_2 浓度为 40% 时的 1 109 K 增加至 CO_2 浓度为 100% 时的 1 183 K，增加了 74 K；反应终点温度也随着 CO_2 浓度的增加而升高，由 CO_2 浓度为 40% 时的 1 186 K 增加至 CO_2 浓度为 100% 时的 1 273 K，增加了 87 K，所以随着 CO_2 浓度增加，石灰石热分解反应过程越难进行。

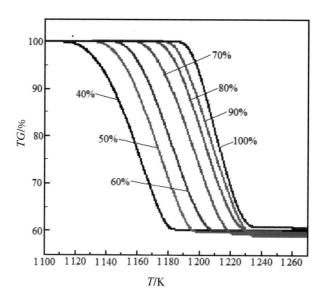

图 2.11　不同 CO_2 浓度下分析纯 $CaCO_3$ 热分解反应的 TG 曲线

表 2.10　CO_2 浓度对 $CaCO_3$ 热分解反应过程的影响

CO_2 浓度 /%	40	50	60	70	80	90	100
反应起始温度 /K	1 109	1 127	1 139	1 153	1 166	1 174	1 183
反应终点温度 /K	1 186	1 201	1 212	1 225	1 233	1 237	1 237
最大失重速率 /%·s^{-1}	-0.95	-0.97	-0.97	-0.97	-1.02	-1.03	-1.26
最大失重温度 /K	1 163	1 175	1 182	1 196	1 202	1 206	1 209

　　由表 2.10 和图 2.12 可知：在 N_2/CO_2 气氛下，CO_2 浓度为 40% ~ 100% 时，$CaCO_3$（AR）热分解反应最大失重速率随 CO_2 浓度增加而变大，由 CO_2 浓度为 40% 时的 -0.95%/s 升高至 CO_2 浓度为 100% 时的 -1.26%/s，增加了 0.31%/s；最大失重速率所对应的最大失重温度也随 CO_2 浓度增加而升高，由 CO_2 浓度为 40% 时的 1 163 K 增加至 CO_2 浓度为 100% 时的 1 209 K，增加了 46 K。所以，在后续半工业化实验过程中，随着 CO_2 浓度的增加，需相应提高反应温度 T，使石灰石热分解反应过程处于最大失重温度，以保证水泥生料的表观分解率。

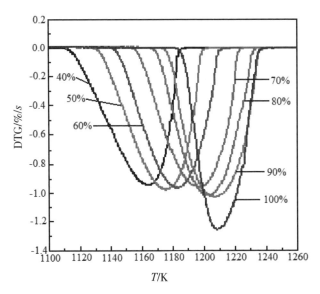

图 2.12　不同 CO_2 浓度下分析纯 $CaCO_3$ 热分解反应的 DTG 曲线

2.5　本章小结

采用 TGA 热重分析仪和稀相模拟悬浮态综合多功能实验台,对 N_2/CO_2 气氛下堆积态和悬浮态石灰石热分解反应动力学及 CO_2 浓度对 $CaCO_3$ 热分解反应过程的影响进行了实验研究。研究结果表明:

(1)在高浓度 CO_2 的 N_2/CO_2 气氛条件下,无论是堆积态还是悬浮态,石灰石热分解反应机理函数均满足 Avrami-Erofeev 方程,即 $G(\alpha)=\left[-\ln(1-\alpha)\right]^n$,反应机理模型为随机成核和随后生长模型,但两种物料分散状态下的反应级数、表观活化能、指前因子等动力学参数值有所不同。

(2)在 CO_2 浓度为 30% ~ 100% 条件下,堆积态石灰石热分解反应级数 n 为 2/5 ~ 2/3,表观活化能 $E_{\alpha\to0}$、指前因子 A 和反应速率 k 与 CO_2 浓度和反应温度 T 之间分别满足关系式:$E_{\alpha\to0}=655.19\mathrm{e}^{1.396C_{CO_2}}$;$\ln A=71.56\mathrm{e}^{1.254C_{CO_2}}$;$\ln k=71.56\,\mathrm{e}^{1.254C_{CO_3}}-78\,806\,\mathrm{e}^{1.395C_{CO_2}}\big/T$。降低 CO_2 浓度,提高反应温度 T 有

利于石灰石热分解反应的进行。

（3）在稀相模拟悬浮态 CO_2 浓度为 50% 和 80% 条件下,石灰石热分解反应的表观活化能分别为 1 255.3 kJ/mol 和 1 808.8 kJ/mol,lnA 分别为127.86 和 159.37。均低于堆积态相同气氛条件下的石灰石热分解反应的表观活化能和 lnA。

（4）在 N_2/CO_2 气氛条件下,随着 CO_2 浓度的增加, $CaCO_3$ 热分解反应的反应起始温度、反应终止温度和最大失重速率都逐渐升高。在水泥工业使用富氧燃烧 CO_2 捕集技术时,需要提高水泥生料分解反应温度,以弥补由于 CO_2 浓度提高对石灰石热解反应过程所导致的不利影响。

参考文献

[1] 韩仲琦,赵艳妍.开发低碳技术,构建低碳水泥工业体系 [J].水泥技术,2014（1）：15–19.

[2] 郑瑛,池保华,郑楚光,等.二氧化碳气氛下碳酸钙热分解动力学研究 [J].华中科技大学学报,2007,35（8）：87–89.

[3] 郑瑛,陈小华,郑楚光.$CaCO_3$ 分解机理的研究 [J].动力工程,2004,24（2）：280–284.

[4] H.G Wei, Y.Q Luo, D.L. Xu. A study on the kinetics of thermal decomposition of $CaCO_3$[J].Journal of Thermal nalysis,1995,45：303–310.

[5] 张薇,简淼夫,胡道和,等.高温、悬浮态气固反应试验台的开发及水泥生料分解动力学的研究 [J].水泥技术,1994,5：25–27.

[6] 李平安,张薇,简淼夫,等.水泥生料在模拟分解炉内分解特性的研究 [J].硅酸盐学报,1995,23（2）：175–180.

[7] 王世杰,陆继东,胡芝娟,等.水泥生料分解动力学的研究 [J].硅酸盐学报,2003,31（8）：811–814.

[8] 王世杰,陆继东,胡芝娟,等.石灰石颗粒分解的动力学模型研究 [J].工程热物理学报,2003,24（4）：699–701.

[9] 肖立柏,薛永强,卢璋.纳米碳酸钙的粒度对热分解活化能的影响 [J].太原理工大学学报,2009,40（5）：469–471.

[10] 胡荣祖,史启祯.热分析动力学 [M].北京：科学出版社,2008：151–159.

[11] 潘云祥,管翔颖.用双外推法讨论固态草酸钴（Ⅱ）二水合物脱水过程的动力学机理 [J].高等学校化学学报,1999,20（7）：1091–1096.

[12] M.J.Starink.A new method for the derivation of activation energies from experiments performed at constant heating rate[J].Thermochimica Acta,1996,288：97–104.

[13] Krevelen D, Hoftijzer P J. Kinetics of gas–liquid reactions part I. General theory[J]. Recueil des Travaux Chimiques des Pays–Bas,2015,67（7）：563–586.

[14] F.C.Alvarez, N.Midoux, A Laurent, et al. Chemical kinetics of the reaction of carbon dioxide with amines in pseudo m-nth order conditions in aqueous and organic solutions[J]. Chemical Engineering Science, 1980, 35: 1717-1723.

第 3 章

富氧燃烧条件下水泥生料悬浮预热分解的半工业化试验研究

3.1 引 言

为了探究 XDL– 悬浮预热分解系统采用富氧燃烧技术后烟气中 CO_2 的排放规律和水泥生料预热分解反应特性,确定富氧燃烧技术条件下水泥生料悬浮预热分解过程中的工艺控制参数,在具有自主知识产权的 5000 t/a XDL– 悬浮预热分解系统富氧燃烧技术试验平台上开展半工业化试验研究。

3.2 实验部分

通过开展富氧燃烧技术条件下水泥生料悬浮预热分解半工业化试验,确定气氛条件变化对水泥生料分解炉热工性能的影响规律,以及分解炉的最佳工艺条件、控制参数和设备结构参数,为在 XDL 悬浮预热分解水泥生产系统上使用富氧燃烧技术富集烟气中的 CO_2 提供理论指导。

试验内容主要包括以下几部分。

(1)系统主体设备优化。包括外循环式分解炉结构、旋风分离器结构、料阀结构以及各单元的优化组合。

(2)烟气循环系统工艺优化。包括悬浮预热分解系统温度分布、风量、循环烟气量和 O_2 消耗量等工艺参数的探索与优化。

(3)配风系统优化。主要开展配风系统循环烟气和高浓度 O_2 的混合均化条件试验。

3.2.1 试验原料

采用陕西铜川声威水泥厂提供的水泥生料和陕西神府煤田提供的煤粉作为本试验研究的试验原料和燃料,水泥生料和煤粉的分析结果如表3.1 和表 3.2 所示。

表 3.1 水泥生料的化学组成

项目	Los	CaO	MgO	SiO_2	Al_2O_3	Fe_2O_3	Sum
生料	35	41.06	3.15	12.86	2.88	1.91	99.54

表 3.2 煤粉元素分析和工业分析结果

项目	元素分析 /%					工业分析 /%				Q_{DW}^f（kJ/kg）
	C_f	H_f	S_f	N_f	O_f	V_f	FC_f	A_f	W_f	
煤粉	71.91	4.18	1.05	0.27	10.86	32.96	58.38	6.22	2.44	27 160

3.2.2　半工业化试验平台

在自主开发的 5000 t/a XDL 节能煅烧试验平台上开展富氧燃烧的半工业化试验。主要由高固气比悬浮预热分解 – 快速冷却系统、配风系统和变压吸附制氧系统组成。

（1）XDL 节能煅烧试验系统。

XDL 节能煅烧试验系统 [1-3] 由刮板式喂料机、螺杆喂煤机、悬浮预热器、外循环式悬浮分解炉、燃煤热风炉、收尘器、水冷板式换热器、离心风机、罗茨鼓风机及其测量和控制系统等组成。其工艺流程图如图 3.1 所示。

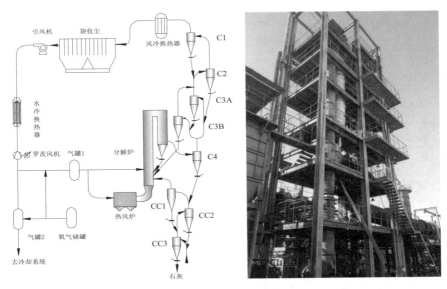

图 3.1　高固气比悬浮预热分解 – 快速冷却系统工艺流程和装置图

悬浮分解炉规格尺寸为 Φ0.4 m×9 m；喂料机和喂煤机均为自制的变频微粉喂料机，喂料机规格为 0～2 m³/h，喂煤机规格为 0～0.5 m³/h；离心风机规格为 0～5 000 m³/h；罗茨鼓风机规格为 0～2 000 m³/h；C1 级悬浮预热器出口后加装风冷换热器；循环烟气经水冷换热器降温后由罗茨鼓风机输送至配风系统；在配风系统送煤风和冷却风均化器上加装在线气体分析仪，实时监测送煤风和冷却风中 O_2 和 CO_2 浓度。在悬浮分解炉进出口配以 TestoXL360 便携式烟气分析仪；用 S 型标准皮托管和 KIMO 手持式微差压计测量悬浮分解炉内风速；在各预热器出口和悬浮分解炉关键工艺控制点安装压力变送器和温度变送器，通过 PLC 数据采集系统实时监测整个系统的试验工况[4]。

试验装置的料流路线为：喂料装置将水泥生料送至高固气比悬浮预热分解系统中 C1 旋风预热器的上行管，水泥生料与上行热气流在上行管中迅速换热，经由 C1 气固分离后沿 C1 下料管进入 C2 旋风预热器上行管，依次通过各级旋风预热器进行换热，顺序为 C1 → C2 → C3A → C3B，在预热器 C3A 和 C3B 中形成料路交叉、气路并联的系统，使 100% 的物料与 50% 的气流交换热量，提高旋风分离器 C3A 和 C3B 内的固气比，从而提高换热效率；水泥生料通过 C3B 的下料管进入分解炉底部，在热风炉高温烟气的携带下在分解炉中进行高温分解反应。分解炉采用选择性体外循环方式，让部分未分解粗颗粒在旋流分离器的作用下进入悬浮炉中循环反应，从而提高分解炉的热稳定性、水泥生料的分解率和单位设备容积产能；高温已分解的物料最后进入分离器 C4 完成气固分离，再通过 C4 下料管进入旋风冷却系统，经过三级旋风冷却，C4 → CC1 → CC2 → CC3，进入产品料槽。

试验装置的气流路线为：循环烟气在罗茨鼓风机的作用下送至配风系统与 O_2 混合均化后分三路分别进入热风炉、分解炉和旋风冷却系统，煤粉在热风炉和分解炉中进行燃烧，产生的高温烟气在分解炉中提供水泥生料中碳酸盐分解所需的热量。然后出分解炉在旋风分离器 C4 中实现气固分离后分为两路进入旋风预热器 C3A 和 C3B，在旋风预热器 C2 上行管汇合，经由旋风预热器 C1 进入列管式风冷换热器进行预冷却后，入袋式收尘器除尘后，一部分直接排空，其余部分作为循环烟气经板式水冷换热器降温处理后再由罗茨风机输送至配风系统，与高浓度 O_2 预混后，作为煤粉输送介质和助燃气体进入热风炉和分解炉循环利用，其余进入旋风冷却系统，经三级旋风冷却器与高温物料完成换热后进入悬浮分解炉底部，与热风炉产生的高温烟气汇集，完成循环。

（2）配风系统。

配风系统是实现循环烟气和高浓度 O_2 混合与均化的关键组成部分，可确保水泥生料悬浮预热分解半工业化试验的气氛控制与系统稳定运行。主要由水冷换热器、罗茨风机、O_2 增压机、O_2 储罐、气体均化器、阀门、流量计及 PLC 测控系统组成，工艺流程图如图 3.2 所示。

降温除尘后的烟气经板式水冷换热器再次降温处理，使烟气温度 ≤ 50℃，再由罗茨风机进行加压后输送至冷却风气体均化器和送煤风气体均化器。来自 250 Nm^3-VPSA 制氧系统的高浓度（O_2 浓度为 93%）O_2，经 O_2 压缩机输送至 O_2 储罐，压力 1.0 MPa，经减压阀减压后进入气体均化器。进入气体均化器的氧气和循环烟气经混合均化后分别进入快速冷却系统的 CC3 旋风冷却器、喂煤机和热风炉等下游设备。

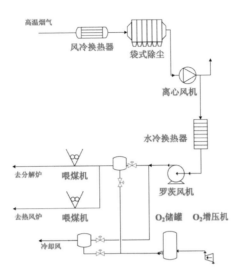

图 3.2　配风系统工艺流程图

（3）变压吸附制氧系统。

变压吸附空分制氧系统是为本试验提供（浓度、压力、流量）稳定高浓度氧气的关键设备。主要由变压吸附塔、罗茨鼓风机、罗茨真空泵、阀门、流量计及 PLC 测控系统组成。工艺流程如图 3.3 所示。

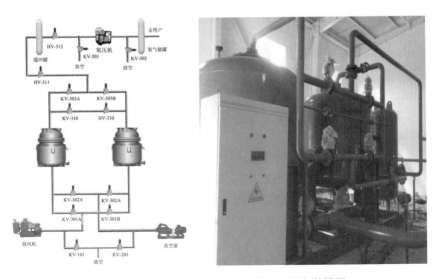

图 3.3　VPSA 空分制氧系统工艺流程图和装置图

采用 250 Nm³/h–VPSA 空分制氧系统供高纯度 O_2 气。主要指标：流量 ≥ 250 Nm³/h，O_2% ≥ 93%，CO_2% ≤ 0.01%，H_2O% ≤ 0.01 g/m³，固体物质含量 ≤ 0.3 mg/m³，固体物质粒径 ≤ 10 μm，单位能耗 ≤ 0.45 kWh/Nm³，启动时长 ≤ 30 min。

3.2.3　试验操作流程

试验操作流程如下所述：

（1）设备和仪器仪表校对，保证其正常精准运行后开始试验。

（2）检查高固气比悬浮预热分解 – 快速冷却系统的离心风机和罗茨风机进气阀、送煤风进气阀、冷却风进气阀的启闭状态。

（3）检查 VPSA 制氧系统的罗茨风机、罗茨真空泵和放空阀的启闭状态。开启电源空开断路器，打开 VPSA 制氧系统 PLC 控制系统，开启罗茨真空泵和罗茨风机，待 O_2 浓度达到 93% 时，开启压缩机对高浓度 O_2 加压，输送至 O_2 储罐备用。

（4）启动离心风机，待正常运作后，调节进气阀开关，维持 C1 出口压力在 –400 ± 20 Pa。点燃液化石油气，维持缓慢的升温速率，两小时内将热风炉出口温度升至 400℃ 左右。

（5）启动热风炉喂煤机使系统稳定升温，增加离心风机进气阀开度，调整 C1 出口风压至 –600 Pa。缓慢增加喂煤机的电机频率，直至分解炉入口温度达到 800℃。

（6）开启 O_2 储罐减压阀和循环烟气进气阀，关闭罗茨风机空气阀门，将循环烟气与高浓度 O_2 混合均化，控制煤粉的富氧燃烧气氛符合试验条件设定要求。

（7）关闭石油液化气阀门，使分解炉入口温度稳定在 800℃ 左右，持续时间不小于 30 min。

（8）开启喂料机和分解炉喂煤机电源，控制喂煤和喂料电机频率，使分解炉出口温度维持在 800℃ 左右，喂料量控制在 200（±10）kg/h。

（9）增加喂料机和分解炉喂煤机的电机频率，增加分解炉温度和喂料量，喂料过程遵循"缓加料、慢拉风"的原则；使系统逐渐达到预设的状态参数，进行试验。

（10）测定烟气气体组分含量，用取样器收集固相试样进行分析，记录试验数据，试样分析完成后，停止加料。

（11）关闭 O_2 储罐减压阀，关停 VPSA 制氧系统和 PLC 控制系统。

（12）关停喂煤机的控制电机，停止加煤。待 C1 出口温度 ≤ 180℃时，关闭离心风机进气阀。

（13）复原阀门开闭状态，关闭 PLC 控制系统及试验平台电源，结束试验。

以上为富氧燃烧 CO_2 捕集技术条件下，XDL 悬浮预热分解系统半工业化试验的试验步骤，如开展常规空气助燃条件下水泥生料悬浮预热分解系统试验研究，则不包括试验步骤 3、步骤 6 和步骤 11。

3.2.4　分析检测方法

（1）烟气组分含量与系统内部界面风速的测定。

采用 TestoXL360 便携式烟气分析仪测定 C1 和分解炉出口的烟气组分；采用 S 型标准皮托管和 KIMO 手持式微差压计测定系统内部界面风速[5-7]。

（2）水泥生料中碳酸盐表观分解率测定。

1）测定原理。

首先将试样在 580～600℃的马弗炉中灼烧，脱除 CaO 吸收的水分等；之后在 950～1 050℃下再次灼烧，脱除残余的 CO_2。由原料和产品在 950～1 050℃下的烧失量数据计算可得表观分解率。

2）操作步骤。

① 称取 1 g 左右的物料，精确至 0.000 1 g，放入已灼烧恒重的瓷坩埚（m_0）中。

② 在 580～600℃下煅烧 30 min，取出坩埚置于干燥器中，冷却至室温，称重，记录灼烧后的质量 m_1（料 + 坩埚）。

③ 将冷却后的盛料坩埚在 950～1 050 ℃下煅烧 30 min，取出坩埚置于干燥器中，冷却至室温，称重，记录灼烧后的质量 m_2（料 + 坩埚）。

④ 物料烧失量为（m_1-m_2）/（m_1-m_0），原料烧失量记作 L^r，产品烧失量记作 $L^{r'}$。

3）计算公式。

表观分解率 e 的计算公式可表示为（3-1）：

$$e = 1 - \frac{L^{r'} \times (100 - L^r)}{L^r \times (100 - L^{r'})} \qquad (3-1)$$

式中，e 为表观分解率，%；L^r 为原料烧失量，%；$L^{r'}$ 为产品烧失量，%。

3.3 探索性试验

由于原有的 XLD 节能煅烧试验系统采用负压操作进行水泥生料的预热分解过程，但是在采用富氧燃烧 CO_2 捕集技术后，为了确保烟气中 CO_2 浓度的高度富集，需要解决的关键问题是：①减少系统漏风；②在富氧燃烧技术条件下，煤粉燃烧和水泥生料分解过程的稳定性；③高温条件下单元设备的热稳定性。

本研究尝试采用了不同于传统悬浮预热分解工艺的局部正压操作手段，将试验系统设计为部分(气体均化器、旋风冷却器、热风炉及 C4 旋风分离器)正压的操作条件，以减少半工业化试验平台的系统漏风。为了降低系统漏风系数，探究富氧燃烧条件下，煤粉燃烧和水泥生料预热分解过程的稳定性以及设备单元的热稳定性，开展半工业化试验条件的探索性试验，确定半工业化试验平台存在的问题，提出整改措施和方案，优化系统主体设备，为最终开展富氧燃烧条件下水泥生料悬浮预热分解的半工业化试验奠定基础[8-11]。

3.3.1 试验条件

具体试验条件为：水泥生料喂料量为 200～800 kg/h；分解炉温度为 850～1 150 ℃；系统送风中 O_2 浓度为 20%～30%；烟气循环量为 700～1 100 Nm^3/h。最具代表性试验的关键参数测定结果如表 3.3 所示。

表 3.3　探索性试验关键参数测定分析结果

项目	分解炉			O_2 浓度 /%	烟气 CO_2 浓度 /%	表观分解率 /%
	底部温度 /℃	中部温度 /℃	顶部温度 /℃			
1	960	830	650	20.0～20.8	23.8～25.0	56.8
2	1 000	890	710	22.0～22.6	31.8～33.5	76.4
3	1 060	930	780	23.8～30.2	37.1～38.4	87.5

3.3.2　存在问题

通过探索性试验研究,发现改造后采用富氧燃烧技术的 XDL 节能煅烧半工业化试验平台存在以下问题。

(1)在部分正压的操作条件下,旋风分离器下料不畅,料阀动作不灵活,经常出现堵料的情况。

(2)系统漏风严重,漏风系数高达 12.8%。

(3)分解炉轴向温度梯度大,最大温差达到 250 ℃。

(4)系统送风中 O_2 浓度大于 25% 后,热风炉出口温度升温幅度较大,高达 1 200 ℃以上。

(5)系统选用的螺杆喂料机的最大喂料量为 500 kg/h,喂料量较小。

3.3.3　整改方案及措施

针对探索性试验所发现的以上问题,提出以下整改方案和措施。

(1)将重锤式翻板阀改为变频电动密封料阀,减少阀门漏风量,将喂料量为 800 kg/h 时,变频电动料阀的工作频率为 17±1 次 /min,解决了下料不畅和系统漏风问题,使系统漏风系数降低至 8.0%。

(2)将冷却风均化器的气体分两路分别进入热风炉和 CC3 旋风冷却器,解决了热风炉和分解炉的温度控制问题。

(3)将螺杆喂料机更换为喂料量较大的刮板式变频微分喂料机。

3.4　半工业化试验研究

采用富氧燃烧技术富集烟气中的 CO_2 需增加系统送风中的 O_2 浓度,提高煤粉燃烧速率和燃尽率,有效减小单位煤粉燃烧的理论气体需要量和烟气排放所导致的热损失,提高工业窑炉的热效率。但在系统送风中 O_2 浓度究竟为多少更为合适,是开发水泥工业用富氧燃烧富集 CO_2 技术必须确定的工艺参数。所以本研究以 XDL 节能煅烧半工业化研发平台为基础,加置 VPSA 制氧系统、烟气冷却及循环系统、配风及均化系统等设备单元,以开展富氧燃烧条件下水泥生料悬浮预热分解的半工业化试验研究。确定系统送风中 O_2 浓度对水泥生料表观分解率和烟气中 CO_2 浓度的影响关系;通过优化烟气循环系统和配风系统的工艺控制参数,确定富氧燃烧条件下 XDL 节能煅烧半工业化试验平台的最佳工艺控制参数。

3.4.1　系统送风中 O_2 浓度对水泥生料表观分解率的影响

控制分解炉底部温度为 900℃;中部温度为 980℃;水泥生料喂料量为 500 kg/h。调节喂煤量及系统送风中的 O_2 浓度,研究系统送风中 O_2 浓度变化对水泥生料表观分解率的影响,试验结果如图 3.4 所示。

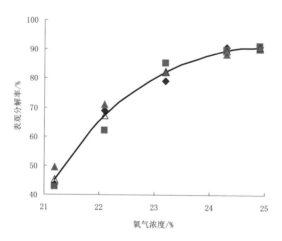

图 3.4　送风 O_2 浓度对水泥生料的表观分解率的影响

结果表明,在上述试验条件下,系统料路、烟气循环回路通畅,煤粉燃烧过程稳定。由图 3.4 可知:随着系统送风中 O_2 浓度的增加,水泥生料表观分解率显著提高;送风 O_2 浓度为 21.19% 时,水泥生料表观分解率仅为 45.28%,当送风中 O_2 浓度增加至 24.92% 时,水泥生料表观分解率升高至 90.63%,提高了 45.35%。这是因为随着送风中 O_2 浓度的增加,单位煤粉燃烧所需理论送风量降低,而分解炉温度控制保持恒定,故分解率内部工况风速降低,相应的就会延长水泥生料分解过程的反应时间。所以增加系统送风中的 O_2 浓度,可提高水泥生料表观分解率。

此外,随系统送风中 O_2 浓度的增加,火焰温度和燃烧速率提高,相应会增加单位体积燃料的能量密度,从而提高燃料的燃尽率,降低煤粉消耗量;同时系统送风中 O_2 浓度增加还可降低了单位煤粉燃烧所需风量和烟气排放量,会减少由于烟气排放所带来的热量损失,改善系统热工性能;而烟气排放量的降低,会降低烟气引流风机的工作载荷,降低引流风机的电能消耗量。所以,系统送风中 O_2 浓度的增加除了有助于提高水泥生料的表观分解率,还会减少煤粉消耗量和烟气引流风机的电耗,改善系统的热工性能。

3.4.2　系统送风中 O_2 浓度对烟气中 CO_2 浓度的影响

控制分解炉底部温度为 1 000 ℃;中部温度为 1 080 ℃;旋风预热器 C1 出口压力为 -3 000 Pa,调节喂煤量、喂料量及系统送风中 O_2 浓度,研究系统送风中 O_2 浓度变化对旋风分离器 C4 出口烟气中 CO_2 浓度的影响,试验结果如图 3.5 所示。

结果表明,在上述试验条件下,系统料路、烟气循环回路通畅,喂煤机和喂料装置工作正常,系统最大喂料量为 742 kg/h,煤粉燃烧过程稳定。由图 3.5 可知:随着系统送风中 O_2 浓度的增加,旋风分离器 C4 出口烟气中 CO_2 浓度显著提高;O_2 浓度为 21.19% 时,烟气中 CO_2 浓度为 24.52%,当 O_2 浓度提高到 24.92% 时,烟气中 CO_2 浓度增加至 40.83%。所以随着送风 O_2 浓度的增加,可提高 C4 出口烟气中的 CO_2 浓度。

由于分解炉温度和 C1 出口烟气压力保持恒定,系统工况风速维持不变,随着系统送风中 O_2 浓度的增加,单位煤粉燃烧理论消耗风量降低。所以为了维持工况风速恒定,需增加喂煤量和送风量,相应由煤粉燃烧所导致的 CO_2 排放量增加;喂煤量的增加会导致分解炉温度升高,需增加水泥生料投料量以维持分解炉温度的稳定性,因此由水泥生料中碳酸盐分解所引起的 CO_2 工艺排放量也增加。以上两个原因促使 C4 出口 CO_2 排放量增加,而系统风量保持恒定,所以旋风分离器 C4 出口烟气中的 CO_2 浓度随着送风 O_2 浓度的增加而升高。

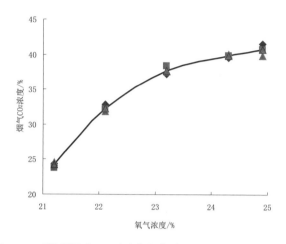

图 3.5　系统送风中 O_2 浓度与烟气中 CO_2 浓度的关系曲线

3.4.3　工艺控制参数优化试验

在现有设备条件的基础上,为了更好的实现富氧燃烧条件下水泥生料的悬浮预热分解过程,尽可能地提高烟气中 CO_2 浓度。根据系统送风中 O_2 浓度对水泥生料表观分解率和旋风冷却器 C4 出口烟气 CO_2 浓度的影响关系,对富氧燃烧条件下,水泥生料在 XDL 节能煅烧工艺系统中的预热分解过程的工艺控制参数进行优化研究。重点关注分解炉温度分布、系统风量和压力、喂煤量、喂料量、系统送风中 O_2 浓度等工艺控制参数。

以分解炉和预热器的最低设计风速、最高使用温度以及最大喂料量为基础,在保证水泥生料表观分解率的前提下,遵循依次“提高送风中 O_2 浓度→提高喂煤量→提高喂料量”的方法,对试验系统的工艺控制参数进行优化,直至达到试验系统的最大喂料量。确定富氧燃烧条件下 XDL 节能煅烧半工业化试验系统的最佳工艺控制条件。

通过反复调整优化最终获得的最佳工艺控制参数如图 3.6 所示,主要控制参数如表 3.4 所示。

由表 3.4 可知：富氧燃烧条件下，5000 t/a XDL 节能煅烧半工业化试验系统的 C1 旋风冷却器出口压力为 –3.38 kPa、热风炉出口温度为 1 120.0℃、分解炉底部温度为 1 000.0 ℃、分解炉中部温度为 1 096.5 ℃、分解炉出口温度为 879.2℃、冷却风 O_2 浓度为 24.4%、喂煤风 O_2 浓度为 22.8%、氧气消耗量为 302.8 m^3/h、循环烟气量为 792.0 m^3/h。

表 3.4　试验系统的最佳工艺控制参数

热风炉出口温度	1 120.0℃	C3B 下料温度	687.5℃
分解炉底部温度	1 000.0℃	分解炉底部压力	0.28 kPa
分解炉中部温度	1 096.5℃	分解炉中部压力	0.14 kPa
分解炉出口温度	879.2℃	分解炉出口压力	0.02 kPa
C4 出口温度	823.6℃	C4 出口压力	–0.01 kPa
C1 入口温度	446.9℃	C1 入口压力	–2.79 kPa
C1 出口温度	381.1℃	C1 出口压力	–3.38kPa
风冷换热器出口温度	221.5℃	风冷换热器出口压力	–4.83 kPa
收尘器入口温度	183.6℃	水冷换热器入口压力	–0.03 kPa
罗茨风机入口温度	27.7℃	罗茨风机入口压力	–5.00 kPa
罗茨风机出口温度	80.2℃	罗茨风机出口压力	11.23kPa
高浓度 O_2 出口温度	30.9℃	高浓度 O_2 出口压力	69.73 kPa
烟气循环量	792.0m^3/h	高浓度 O_2 消耗量	302.8 m^3/h
送煤风 O_2 浓度	22.8%	冷却风 O_2 浓度	24.4%
送煤风压力	3.72 kPa	冷却风压力	0.33 kPa
CC1 出口温度	233.3℃	CC1 出口压力	0.32 kPa

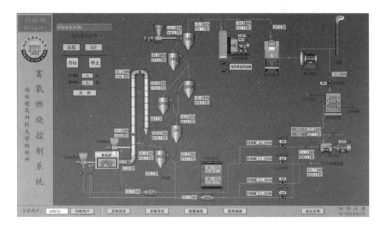

图 3.6　富氧燃烧技术试验系统最佳工艺控制参数

3.5 分析与评价

将采用富氧燃烧技术的 5 000 t/a XDL 节能煅烧半工业化试验系统的工艺控制条件与常规空气助燃方式下的技术指标进行对比,如表 3.5 所示。

表 3.5 富氧燃烧技术和常规燃烧技术的技术参数对比

项 目	喂煤量 / (kg/h)	喂料量 / (kg/h)	单位生料煤耗 / (kgce/kg)	表观分解率 /%	C4 出口 CO₂ 浓度 /%
常规燃烧	105	560	0.174	81.08	19.72
富氧燃烧	145	820	0.164	91.87	43.14

由表 3.5 可知:相对于常规燃烧技术,采用富氧燃烧技术后,水泥生料预热分解过程的单位煤粉消耗量由原来的 0.174 kgce/kg·生料降低为 0.164 kgce/kg·生料,节煤率达到 5.85%;水泥生料表观分解率由原来的 81.08% 增加至 91.87%,提高了 10.79%;C4 出口烟气中 CO_2 浓度由 19.72% 增加至 43.14%,提高为传统工艺的 2.19 倍。所以采用富氧燃烧技术在实现节能的同时,还可以有效提高烟气中 CO_2 浓度,达到富集烟气中 CO_2 浓度的目的,为后续低成本地捕集奠定条件。

3.6 本章小结

本章开展了富氧燃烧条件下水泥生料悬浮预热分解的半工业化试验研究,研究了系统送风中 O_2 浓度变化对水泥生料表观分解率和烟气中 CO_2 浓度的影响关系,为优化试验系统工艺控制参数开展了多组次的半工业化连续性试验,并将试验系统在富氧燃烧条件下的技术指标与传统燃烧技术条件下的相关技术指标进行了比较。结果表明:

（1）随着系统送风中 O_2 浓度的增加，水泥生料表观分解率显著提高；送风 O_2 浓度为 21.19% 时，水泥生料表观分解率仅为 45.28%，当送风 O_2 浓度为 24.92% 时，水泥生料表观分解率升高至 90.63%，提高了 45.35%。

（2）随着系统送风中 O_2 浓度的增加，C4 出口烟气中 CO_2 浓度显著提高；送风 O_2 浓度为 21.19% 时，烟气中 CO_2 浓度为 24.52%，当送风 O_2 浓度为 24.92% 时，烟气中 CO_2 浓度升高至 40.83%。

（3）通过试验研究，得到了富氧燃技术条件下，5 000 t/a XDL 节能煅烧半工业化试验系统的最佳工艺操作条件。

（4）在富氧燃烧条件下，水泥生料预热分解的单位生料煤粉消耗量较传统工艺降低了 5.85%；表观分解率提高 10.79%；C4 出口烟气 CO_2 浓度提高为原来的 2.19 倍。采用富氧燃烧技术在实现节能的同时，可以有效提高烟气中 CO_2 浓度，达到富集烟气中 CO_2 浓度的目的。

参考文献

[1] 赵博,陈延信,姚艳飞.白云石质磷尾矿悬浮态煅烧实验研究 [J]. 无机盐工业,2013（5）：18-20.

[2] 孙志,硫铵副产 $CaCO_3$ 渣悬浮态分解工业生产线反求研究与工艺优化 [D]. 西安：西安建筑科技大学,2013.

[3] 姚艳飞,悬浮态磁化焙烧技术用于回收黄金渣中铁的研究 [D]. 西安：西安建筑科技大学,2012.

[4] P.V.Danckwerts. Significance of liquid-film coefficients in gas absorption[J].Ind Eng Chem,1951,43：1460-1467.

[5] P.V.Danckwerts. Gas-Liquid Reactions [M].New York：McGraw-Hill Book Co,1970.

[6] E.D.Snijder, M.J.M.Riele, G.F.Versteeg et al. Diffusion coefficients of several aqueous alkanolamine solutions [J].J Chem Eng Data,1993,38：475-480.

[7] 毛玉如.循环流化床富氧燃烧技术的试验和理论研究 [D]. 杭州：浙江大学,2003.

[8] S.R.Steeneveldt, B.Berger, T.A.Torp. CO_2 capture and storage2closing the knowing doing gap[J].Trans I Chem E , Part A Chem Eng Res & Des,2006,84：739-763.

[9] Z.W. Liang, L.P.Tontiwachwu thikul, R.Idem. Simulation of the effect s of lean loading , and flue Gas temperature（with and wit hout a saturator）on energy requirement s for absorption of CO_2 in 30wt.% MEA solution using proMax2.0[C]//58t h Canadian Chemical Engineering Conference , Ottawa, Canada：2008,20-22.

[10] T.Burkhsrdt, J.Camyiportenabe, A.Fradet, et al. Optimization of the process loop for CO_2 capture by solvents [C]//Abst ract GHGT28，Trodheim , Norway：2006.

[11] Bryan Research & Engineering（BR &E）Inc, ProMax2. 0 User Help Manual [M] . Bryan , Texas, USA：2007.

第4章

XDL 节能煅烧技术与富氧燃烧技术的耦合性研究

4.1 引 言

为了探究采用富氧燃烧技术对规模化 XDL 水泥熟料节能煅烧工艺系统生产技术指标的影响,需开展 XDL 节能煅烧技术与富氧燃烧技术的耦合性研究。本章以 2 500 t/d 水泥熟料规模的 XDL 节能煅烧工艺系统的生产过程作为计算案例,结合 XDL 节能煅烧工艺系统对温度场、风量和物料量等技术控制参数的具体要求,在充分考虑 XDL 节能煅烧技术特点和富氧燃烧工艺技术要求,以及烟气中 CO_2 捕集成本和设备要求的基础上,建立以系统送风量、烟气量、烟气排放量、烟气中 CO_2 浓度、生产单位水泥熟料的煤耗和系统生产能力六个函数为目标的多目标优化模型,建立 XDL 节能煅烧技术与富氧燃烧技术的平衡计算模型和烟气再循环模型,对富氧燃烧技术和 XDL 节能煅烧技术进行耦合性研究,使用 MATLAB 7.0 软件编程并求解。确定系统漏风系数和系统送风中 O_2 浓度对目标函数的影响关系,以求后续在规模化 XDL 节能煅烧工艺系统上使用富氧燃烧技术富集烟气中的 CO_2 提供理论指导。

　　所建计算模型的研究范围从窑尾悬浮预热分解系统到冷却系统(如图 4.1 所示),主要包括冷却器、回转窑,分解炉、预热器系统,并考虑了烟气循环系统及其与氧气半闭路循环配风操作的情况,但没有考虑窑灰回窑和燃料制备等工艺环节。

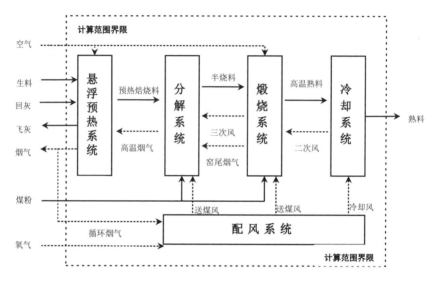

图 4.1　计算模型的研究范围

4.2　耦合性研究的数学模型

4.2.1　计算基准

以 1 kg 水泥熟料为计算基准。

4.2.2　质量平衡计算模型

在水泥熟料生产过程中涉及的物料主要包括燃料、水泥生料、水泥熟料、飞灰等多股物流,及冷却风、回转窑用风、分解炉用风、高浓度 O_2、循环烟气和烟气等气流[1-6]。具体的料流和气流关系示意图如图 4.2 所示。

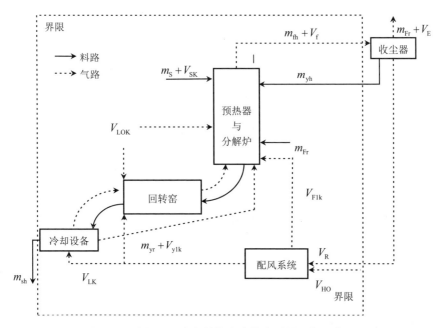

图 4.2　水泥工业富氧燃烧生产技术质量平衡示意图

其中收入物料主要包括:
（1）燃料消耗量。

$$m_r = m_{yr} + m_{Fr} \qquad （4-1）$$

式中,m_r 为燃料消耗量,kg/kg 熟料;m_{yr} 为窑用燃料量,kg/kg 熟料;m_{Fr} 为分解炉燃料量,kg/kg 熟料。
（2）生料消耗量。
1）干生料理论消耗量

$$m_{gsl} = \frac{100 \cdot \frac{\alpha}{100} \cdot A^f \cdot m_r}{100 - L_s} \qquad （4-2）$$

式中，m_{gsl} 为干生料理论消耗量，kg/kg 熟料；α 为熟料中燃料灰分掺入百分比，%；A^f 为燃料中灰分含量，%；L_s 为干生料烧失量，%。

2）烟囱飞灰飞损量

$$m_{Fh} = m_{fh}\left(1-\gamma\right) \qquad (4\text{-}3)$$

式中，m_{Fh} 为烟囱飞灰飞损量，kg/kg 熟料；m_{fh} 为出预热器飞灰量，kg/kg 熟料；γ 为收尘器收尘效率。

3）入窑回灰量

$$m_{yh} = m_{fh} - m_{Fh} \qquad (4\text{-}4)$$

式中，m_{yh} 为入窑回灰量，kg/kg 熟料。

4）考虑飞损后干生料实际消耗量

$$m_{gs} = m_{gsl} + m_{fh} \qquad (4\text{-}5)$$

式中，m_{gs} 为干生料实际消耗量，kg/kg 熟料。

5）考虑飞损后生料实际消耗量

$$m_s = m_{gs} \cdot \frac{100}{100 - W_s} \qquad (4\text{-}6)$$

式中，m_s 为生料实际消耗量，kg/kg 熟料；W_s 为生料中的水分含量，%。

（3）气体消耗量。

1）进入系统一次风量

$$V_{lk} = V_{ylk} + V_{Flk} \qquad (4\text{-}7)$$

$$m_{lk} = V_{lk} \cdot \rho_{lk} \qquad (4\text{-}8)$$

式中，V_{lK}，m_{lK} 为进入系统一次风的体积和质量，Nm³/kg 熟料，kg/kg 熟料；V_{ylK} 为入窑一次风的体积，Nm³/kg 熟料；V_{FlK} 为入分解炉一次风的体积，Nm³/kg 熟料；ρ_{lK} 为一次风的密度，kg/Nm³。

2）进入冷却机的冷却风量

$$m_{Lk} = V_{Lk} \cdot \rho_{Lk} \qquad (4\text{-}9)$$

式中，V_{LK}，m_{LK} 为冷却风的体积和质量，Nm³/kg 熟料，kg/kg 熟料；ρ_{LK} 为冷

却风的密度, kg/Nm³。

3）生料带入空气量

$$m_{\text{Sk}} = V_{\text{Sk}} \cdot \rho_{\text{k}} \qquad (4-10)$$

式中, V_{SK}, m_{SK} 为生料带入空气的体积和质量, Nm³/kg 熟料, kg/kg 熟料; ρ_{K} 为空气密度, kg/Nm³。

4）系统漏入空气量

$$m_{\text{LOk}} = V_{\text{LOk}} \cdot \rho_{\text{k}} \qquad (4-11)$$

式中, V_{LOK}, m_{LOK} 为系统漏入空气的体积和质量, Nm³/kg 熟料, kg/kg 熟料。

所以物料收入总质量:

$$m_{\text{zs}} = m_{\text{r}} + m_{\text{s}} + m_{\text{yh}} + m_{\text{lk}} + m_{\text{Lk}} + m_{\text{sk}} + m_{\text{LOk}} \qquad (4-12)$$

式中, m_{ZS} 为物料收入总质量, kg/kg 熟料。

支出物料主要包括:

出冷却机熟料量: $m_{\text{sh}} = 1\,\text{kg}$。

预热器出口飞灰量: m_{fh}。

预热器出口烟气量:

$$V_{\text{f}} = V_{\text{CO}_2} + V_{\text{N}_2} + V_{\text{H}_2\text{O}} + V_{\text{O}_2} + \cdots \qquad (4-13)$$

$$m_{\text{f}} = V_{\text{CO}_2} \cdot \rho_{\text{CO}_2} + V_{\text{N}_2} \cdot \rho_{\text{N}_2} + V_{\text{H}_2\text{O}} \cdot \rho_{\text{H}_2\text{O}} + V_{\text{O}_2} \cdot \rho_{\text{O}_2} + \cdots \qquad (4-14)$$

式中, V_{f}, m_{f} 为预热器出口烟气的体积和质量, Nm³/kg 熟料, kg/kg 熟料; V_{CO_2}, V_{N_2}, $V_{\text{H}_2\text{O}}$, V_{O_2} 为烟气中各组分的含量, Nm³/kg 熟料; $\rho_{\square_2}$, $\rho_{\;2}$ $\rho_{\square_2}$, $\rho_{\;2}$ 为烟气中各组分的密度, kg/Nm³。

其他支出: m_{qt}, kg/kg 熟料。

所以物料支出总质量为:

$$m_{\text{zc}} = m_{\text{sh}} + m_{\text{fh}} + m_{\text{f}} m_{\text{qt}} \qquad (4-15)$$

式中, m_{zc} 为物料支出总质量, kg/kg 熟料。

因为总收支方程式（4-12）和（4-17）相等, 所以:

$$m_{\text{r}} + m_{\text{s}} + m_{\text{yh}} + m_{\text{lk}} + m_{\text{Lk}} + m_{\text{sk}} + m_{\text{LOk}} = m_{\text{sh}} + m_{\text{fh}} + m_{\text{f}} + m_{\text{qt}} \qquad (4-16)$$

4.2.3 热量平衡计算模型

水泥生产过程中涉及的热量衡算主要包括生产过程中化学反应的化学热、物料显热及物料相态变化需要的相变热。本研究结合新型干法水泥生产技术和富氧燃烧技术的具体要求，建立的热量平衡数学模型如图4.3所示。

式中收入热量主要包括：

（1）燃料燃烧热。

$$Q_{rR} = m_r Q_{DW}^f \qquad (4-17)$$

式中，Q_{rR} 为燃料燃烧产生的热量，kJ/kg 熟料；Q_{DW}^f 为燃料的低位发热量，kJ/kg 熟料。

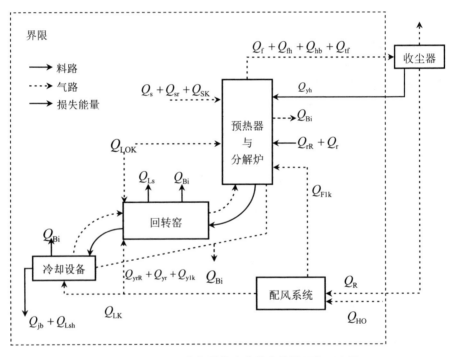

图 4.3 水泥工业富氧燃烧生产技术热量平衡示意图

（2）燃料带入显热。

$$Q_r = m_r \cdot c_r \cdot t_r \qquad (4-18)$$

式中，Q_r 为燃料带入显热，kJ/kg 熟料；c_r 为燃料比热，kJ/（kg·℃）；t_r 为燃料温度，℃。

（3）生料可燃物质燃烧热。

$$Q_{sr} = Q_{sr} \cdot Q_{DW}^{sr} \qquad (4-19)$$

式中，Q_{sr} 为生料中可燃物质燃烧热，kJ/kg 熟料；Q_{sr} 为生料中可燃物质含量，kg/kg 熟料；Q_{DW}^{sr} 为生料中可燃物质的低位发热量，kJ/kg 熟料。

（4）生料带入显热。

$$Q_s = m_s \cdot c_s \cdot t_s \qquad (4-20)$$

式中，Q_s 为生料带入显热，kJ/kg 熟料；c_s 为生料的比热，kJ/（kg·℃）；t_s 为生料的温度，℃。

（5）入窑回灰带入显热。

$$Q_{yh} = m_{yh} \cdot c_{yh} \cdot t_{yh} \qquad (4-21)$$

式中，Q_{yh} 为入窑回灰带入显热，kJ/kg 熟料；c_{yh} 为入窑回灰的比热，kJ/（kg·℃）；t_{yh} 为入窑回灰的温度，℃。

（6）气体带入显热。

1）一次风带入显热

$$Q_{lk} = V_{ylk} \cdot c_{ylk} \cdot t_{ylk} + V_{Flk} \cdot c_{Flk} \cdot t_{Flk} \qquad (4-22)$$

式中，Q_{lk} 为一次风带入显热，kJ/kg 熟料；$c_{□}$，$c_{□}$ 为入窑头和分解炉一次风比热，kJ/（kg·℃）；$t_{□}$，$t_{□}$ 为入窑头和分解炉一次风温度，℃。

2）冷却风带入显热

$$Q_{Lk} = V_{Lk} \cdot c_{Lk} \cdot t_{Lk} \qquad (4-23)$$

式中，Q_{Lk} 为冷却风带入显热，kJ/kg 熟料；c_{Lk} 为冷却风比热，kJ/（kg·℃）；t_{Lk} 为冷却风温度，℃。

3）生料带入空气显热

$$Q_{Sk} = V_{Sk} \cdot c_{Sk} \cdot t_{Sk} \qquad (4-24)$$

式中，Q_{Sk} 为生料带入气体显热，kJ/kg 熟料；c_{Sk} 为生料带入气体比热，kJ/（kg·℃）；t_{Sk} 为生料带入气体温度，℃。

4）系统漏入空气显热

$$Q_{LOK} = V_{LOK} \cdot c_k \cdot t_k \qquad (4-25)$$

式中，$Q_{□}$ 为系统漏入空气显热，kJ/kg 熟料。

所以热量总收入为：

$$Q_{zs} = Q_{rR} + Q_r + Q_{Sr} + Q_S + Q_{yh} + Q_{lk} + Q_{Lk} + Q_{Sk} + Q_{LOK} \qquad (4-26)$$

式中，Q_{zs} 为热量总收入，kJ/kg 熟料。

支出热量主要包括：

（1）熟料形成热。

$$Q_{sh} = 17.21Al_2O_3^{sh} + 27.13MgO^{sh} + 32.03CaO^{sh} - 21.44SiO_2^{sh} - 2.47Fe_2O_3^{sh}$$

$$\qquad (4-27)$$

式中，$Al_2O_3^{sh}$，MgO^{sh}，CaO^{sh}，SiO_2^{sh}，$Fe_2O_3^{sh}$ 为熟料中相应成分的百分含量，%。

（2）出冷却机熟料带走显热。

$$Q_{Lsh} = 1 \cdot c_{sh} \cdot t_{sh} \qquad (4-28)$$

式中，Q_{Lsh} 为出冷却机熟料带走的热量，kJ/kg 熟料；c_{sh} 为熟料比热，kJ/（kg·℃）；t_{sh} 为出冷却机熟料温度，℃。

（3）蒸发生料中物理水耗热。

$$Q_{SS} = m_S \cdot \frac{W_S}{100} \cdot q_{qh} \qquad (4-29)$$

式中，Q_{SS} 为蒸发生料中物理水耗热，kJ/kg 熟料；W_S 为生料的水分，%；q_{qh} 为水的汽化热，kJ/kg 水。

（4）预热器出口烟气带走显热。

$$Q_f = V_f \cdot c_f \cdot t_f \qquad (4-30)$$

式中，Q_f 为预热器出口烟气带走显热，kJ/kg 熟料；c_f 为烟气比热，kJ/（kg·℃）；t_f 为预热器出口烟气的温度，℃。

（5）预热器出口飞灰带走显热。

$$Q_{fh} = m_{fh} \cdot c_{fh} \cdot t_f \tag{4-31}$$

式中，Q_{fh} 为预热器出口飞灰带走显热，kJ/kg 熟料；c_{fh} 为飞灰的比热，kJ/（kg·℃）。

（6）飞灰脱水及碳酸盐分解耗热。

$$Q_{tf} = m_{Fh} \cdot \frac{100-L_{Fh}}{100-L_s} \cdot \frac{H_2O^s}{100} \cdot 6\,699 + \left(m_{Fh} \cdot \frac{100-L_{Fh}}{100-L_s} \cdot \frac{CO_2^s}{100} \cdot 6\,699 - m_{Fh} \cdot \frac{L_{Fh}}{100} \right) \cdot$$

$$\frac{100}{44} \cdot 1662 \tag{4-32}$$

式中，Q_{tf} 为飞灰脱水及碳酸盐分解耗热，kJ/kg 熟料；CO_2^s 为生料中 CO_2 含量，%；H_2O^s 为生料中化合水含量，%。

（7）机械不完全燃烧热损失。

$$Q_{jb} = \frac{L_{sh}}{100} \cdot 33\,913 \tag{4-33}$$

式中，Q_{jb} 为机械不完全燃烧热损失，kJ/kg 熟料；L_{sh} 为熟料烧失量，%。

（8）化学不完全燃烧热损失。

$$Q_{hb} = V_{CO} \cdot 12\,644 \tag{4-34}$$

式中，Q_{hb} 为化学不完全燃烧热损失，kJ/kg 熟料；V_{CO} 为烟气中 CO 含量，Nm^3/kg 熟料。

（9）系统表面散热损失。

$$Q_R = Q_{R1} + Q_{R2} + Q_{R3} + Q_{R4} + \cdots \tag{4-35}$$

式中，Q_R 为系统表面散热损失，kJ/kg 熟料；Q_{Ri} 为各部分表面总散热损失，kJ/kg 熟料。

（10）冷却水带走热量。

$$Q_{Ls} = m_{Ls} \cdot c_s' \cdot (t_{cs} - t_{js}) + m_{qh} \cdot q_{qh} \tag{4-36}$$

式中，Q_{Ls} 为冷却水带走热量，kJ/kg 熟料；m_{Ls} 为冷却水用量，kg/kg 熟料；t_{cs} 为冷却水出水温度，℃；t_{js} 为冷却水进水温度，℃；c'_s 为水的比热容，kJ/（kg·℃）；m_{qh} 为汽化冷却量，kg/kg 熟料；q_{qh} 为水的汽化热，kJ/kg 熟料。

（11）其他支出：Q_{qt}，kJ/kg 熟料。

所以热量总支出为：

$$Q_{zc} = Q_{sh} + Q_{Lsh} + Q_{ss} + Q_f + Q_{fh} + Q_{tf} + Q_{jb} + Q_{hb} + Q_B + Q_{Ls} + Q_{qt} \qquad （4-37）$$

因为热量总收支方程式（4-28）和（4-41）相等，所以方程式（4-42）成立。

$$\begin{aligned}
Q_{zs} &= Q_{zc} \\
&= Q_{rR} + Q_r + Q_{Sr} + Q_S + Q_{yh} + Q_{lk} + Q_{Lk} + Q_{Sk} + Q_{LOK} \\
&= Q_{sh} + Q_{Lsh} + Q_{ss} + Q_f + Q_{fh} + Q_{tf} + Q_{jb} + Q_{hb} + Q_B + Q_{Ls} + Q_{qt}
\end{aligned} \qquad （4-38）$$

4.2.4　烟气循环及配风系统计算模型

为实现烟气中 CO_2 浓度的富集，将经空气分离获得的高浓度 O_2 和循环烟气混合作为水泥工业系统用风，使煤粉在 O_2/CO_2 气氛下燃烧，水泥生料碳酸盐热分解反应和高温煅烧反应也在 O_2/CO_2 气氛下进行，飞灰在进行烟气循环之前已经进行了净化处理。烟气循环比例根据气氛中 O_2 含量和运行条件进行调节，循环烟气温度则根据工艺和设备要求进行调节。

具体的烟气循环及配风系统的平衡简图如图 4.4 所示。

在建立烟气循环和配风系统模型的过程中，根据前面在 5 000 t/a XDL 节能煅烧半工业化试验系统上的试验结果，将循环烟气与 O_2 浓度为 93% 的助燃风进行混合，控制煤粉燃烧和熟料冷却用风所需的 O_2 浓度 x_{O_2} 和风量 V_{lk}、V_{yr}。由系统的质量平衡，可得如下关系式：

$$V_{lk} + V_{yr} = V_{HO} + V_R \qquad （4-39）$$

$$\left(V_{lk} + V_{yr} \right) \times x_{O_2} = 0.93 V_{HO} + V_R \times x_{RO_2} \qquad （4-40）$$

$$\left(V_{\text{lk}} + V_{\text{yr}}\right) \times x_{\text{CO}_2} = V_R \times x_{\text{RCO}_2} \qquad (4\text{-}41)$$

$$\left(V_{\text{lk}} + V_{\text{yr}}\right) \times x_{\text{N}_2} = V_R \times x_{\text{RN}_2} \qquad (4\text{-}42)$$

$$\left(V_{\text{lk}} + V_{\text{yr}}\right) \times x_{\text{SO}_2} = V_R \times x_{\text{RSO}_2} \qquad (4\text{-}43)$$

式中，x_{O_2}、x_{CO_2}、x_{N_2}、x_{SO_2} 分别为系统用风中 O_2、CO_2、N_2 和 SO_2 的浓度，%；x_{RO_2}、x_{RCO_2}、x_{RN_2}、x_{RSO_2} 分别为循环烟气中 O_2、CO_2、N_2 和 SO_2 的浓度，%；V_{HO}、V_R 分别为 O_2 浓度为 93% 的助燃风和循环烟气的流量，Nm^3/kg 熟料。

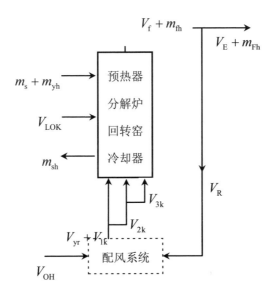

图 4.4　水泥工业富氧燃烧技术烟气循环及配风系统风量平衡示意图

将方程式（4-39）～（4-43）与质量平衡方程（3-16）和热量平衡方程（3-38）耦合可计算确定系统送风的 O_2 量和循环烟气量。

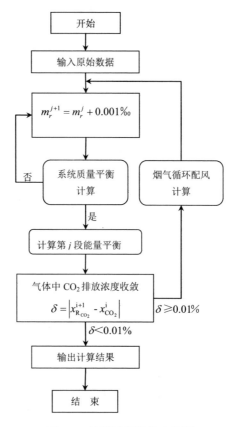

图 4.5　计算过程的算法框图

4.3　模型计算步骤

XDL节能煅烧技术与富氧燃烧技术的耦合计算模型的算法框图如4.5所示。

主要计算步骤如下：

（1）输入初始数据。包括物料化学成分，熟料矿物组成、煤粉参数、气固相在各工艺点控制温度、气氛中 O_2 浓度、入窑风量比、窑炉燃料比、系统漏风系数、O_2 过剩系数和系统散热损失比例及其他所需参数。

（2）输入煤粉用量初始值。

（3）依据质量平衡计算方程，计算系统内气固相物流收支是否平衡，如平衡则进行下一步计算，否则调整煤粉消耗量进行重复迭代计算。

（4）依据热量平衡计算方程，计算系统内各区段能量平衡，从而求得气体中 CO_2 的排放浓度，如 $\delta < 0.01\%$ 则输出计算结果，结束计算，否则进行烟气循环和配风计算，调整系统配风参数，由步骤（3）重复迭代计算。

4.4　计算条件和简化假设

本研究主要对不同 O_2 浓度下的富氧燃烧技术和 XDL 节能煅烧工艺系统进行耦合。针对不同的水泥生产技术条件，漏风系数分别取 1%、3%、5%、7% 和 10%，系统送风中 O_2 浓度分别取 21%、23%、25%、27% 和 30%。

4.4.1　初始数据

计算前需输入程序的初始数据来源于陕西尧柏阳山庄有限公司 2 500 t/d 水泥熟料 XDL 节能煅烧生产系统的热工标定数据。

（1）窑型：$\varphi 4.0 \times 60$ m。

（2）物料化学成分和水泥熟料矿物组成如表 4.1 和表 4.2 所示。

表 4.1　物料化学成分（单位：wt/%）

项目	烧失量	SiO_2	Al_2O_3	Fe_2O_3	CaO	MgO	SO_3	其他	总和
干生料	35.58	13.67	3.55	2.59	42.5	1.56	–	0.55	100
熟料	—	20.6	5.85	5	63.91	2.1	–	2.54	100
飞灰	33.4	14.59	4.09	2.07	41.85	1.87	–	2.13	100
煤灰	—	40.5	16.72	10.85	15.97	5.42	5.51	5.03	100

表 4.2　熟料矿物相组成（单位：wth）

组分	C_3S	C_2S	C_3A	C_4AF
含量	57.09%	16.08%	7.05%	15.2%

4.4.2　计算条件及假设

煤粉组成及发热量如表 4.3 所示。

表 4.3　煤粉组分及发热量

元素分析（%）				工业分析（%）					焦渣特性（号）	发热量 Q^f_{DW}（kJ/kg煤粉）
C_f	H_f	S_f	N_f	O_f	V_f	FC_f	A_f	W_f		
66.48	4.08	0.35	1.17	11.84	30.4	53.52	11.28	1	4	25 376

为简化计算过程。根据富氧燃烧技术和 XDL 节能煅烧工艺系统的特点做如下假设。

（1）假设进入冷却机的冷却风全部进入系统，忽略由系统送入煤磨和生料磨的热风所引起的质量和热量变化。

（2）预热器飞灰量取定值 $m_{fh}=0.141$ kg/kg·cl，不直接进入系统参与生产，全部进入生料库，即 $m_{fh}=0.141$ kg/kg·cl，$m_{yh}=0$，$Q_{yh}=0$。

（3）假定生料带入空气量为 0，即 $m_{SK}=0$，$Q_{SK}=0$。

（4）假定当系统送风中 O_2 浓度分别为 21%、23%、25%、27% 和 30% 时，预热器烟气出口温度分别为 350℃、310℃、270℃、230℃ 和 170℃。

（5）假定在系统生产能力计算过程中，预热器出口烟气量与常规生产技术预热器出口烟气量一致，设备运转正常且系统物料流顺畅。

（6）假定在系统风量计算过程中，水泥生料投料量保持不变，系统运行正常且系统物料流顺畅。

（7）计算过程中忽略由于系统风量和喂料量变化所引起的输送设备能耗变化。

具体计算条件如表 4.4 所示。

表 4.4　计算条件

项目	计算条件	项目	计算条件
熟料出冷却机温度	210℃	室温	30℃
煤粉温度	25℃	一次风温度	30℃
生料温度	25℃	系统漏风温度	30℃
燃料耗比	47∶53	系统 O_2 过剩系数	1.05
预热器飞灰量	0.141 kg/kg·cl	空气比热容	1.303 kJ/（kg·℃）
生料含水率	1.0%	系统散热损失	350 kJ/kg·cl
煤粉含水率	1.0%	飞灰比热容	0.864 kJ/（kg·℃）
燃料比热容	1.178 kJ/（kg·℃）	熟料比热容	0.825 kJ/（kg·℃）
生料比热容	0.864 kJ/（kg·℃）	燃料灰分掺入比	100%

4.5　计算结果及分析

根据 4.4 设定的计算条件，以 2 500 t/d 水泥熟料规模的 XDL 节能煅烧生产系统为例，对富氧燃烧技术和 XDL 节能煅烧工艺系统进行耦合性计算，表 4.5 和表 4.6 分别为系统送风中 O_2 浓度为 25%、漏风系数为 1% 时的物料平衡表和热量平衡表。

表 4.5　工艺计算物料平衡表

收入项目	kg/kg·cl	%	支出项目	kg/kg·cl	%
燃料消耗	0.11	3.65	熟料量	1.00	33.96
生料消耗	1.70	57.52	出预热器烟气量	1.81	61.25
一次风量	0.16	5.50	出预热器飞灰量	0.14	4.79
入冷却机风量	0.94	32.02			
系统漏风量	0.04	1.31			
物料收入总和	2.95	100.00	物料支出总和	2.95	100.00

4.5.1 O_2 浓度和漏风系数对系统操作参数的影响

在富氧燃烧条件下，设水泥生料投料量保持恒定，研究系统送风中 O_2 浓度、和漏风系数对 2 500 t/d–XDL 节能煅烧工艺系统操作参数的影响。

表 4.6　工艺计算热量平衡表

收入项目	kJ/kg·cl	%	支出项目	kJ/kg·cl	%
燃料燃烧热	2 732.52	97.38	熟料形成热	1 750.67	62.39
煤粉显热	3.17	0.11	熟料显热	173.22	6.17
生料显热	36.64	1.31	烟气显热	478.63	17.06
一次风显热	4.76	0.17	飞灰显热	32.89	1.17
入冷却机风显热	27.70	0.99	生料水分蒸发热	0.42	0.02
系统漏风显热	1.18	0.04	煤粉水分蒸发热	0.03	0.00
			系统散热损失	350.00	12.47
			飞灰脱水 / 分解耗热	20.08	0.72
热量收入总和	2 805.96	100.00	热量支出总和	2 805.96	100.00

（1）O_2 浓度和漏风系数对系统所需助燃风量的影响。

不同 O_2 浓度和漏风系数下的系统送风量如表 4.7 所示，变化曲线如图 4.6 所示。

表 4.7　不同 O_2 浓度和漏风系数条件下的系统送风量

单位：Nm^3/s

漏风系数	$O_2\%=21$	$O_2\%=23$	$O_2\%=25$	$O_2\%=27$	$O_2\%=30$
1%	23.77	20.54	18.04	16.04	13.72
3%	23.41	20.22	17.75	15.78	13.48
5%	23.08	19.92	17.46	15.51	13.23
7%	22.77	19.62	17.18	15.25	12.99
10%	22.32	19.18	16.77	14.85	12.63

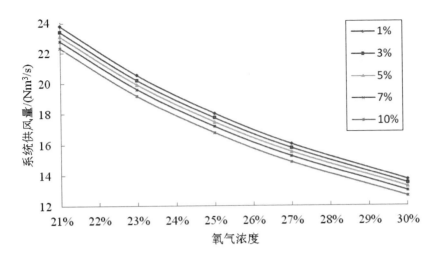

图 4.6   系统送风量随 O_2 浓度和漏风系数的变化

由图 4.6 和表 4.7 可知：随着系统送风中 O_2 浓度的增加，系统送风量逐渐降低。当系统漏风系数为 3% ，系统送风中 O_2 浓度由 21% 增加至 30% 时，系统送风量由 23.41 Nm^3/s 降低至 13.48 Nm^3/s ，降低 42.42% ；随着系统漏风系数的增加，系统送风中逐渐降低。当送风 O_2 浓度为 30% ，漏风系数由 1% 增加至 10% 时，系统送风量由 13.72 Nm^3/s 降低至 12.63 Nm^3/s ，降低 7.94% 。

分析原因主要是由于当漏风系数和水泥生料投料量保持稳定时，单位时间煤粉燃烧消耗 O_2 量一定。随着系统送风中 O_2 浓度的增加，单位体积助燃风中的含氧量增加，故煤粉燃烧所需送风量应逐渐减低；当系统送风中 O_2 浓度保持不变时，随着漏风系数的增加，由外界环境进入系统内部的空气量增加，由此所引入的 O_2 量也逐渐增加，所以随着漏风系数的增加，系统送风量也应逐渐降低。

系统所需助燃风量的降低，有利于提高预热器和分解反应器中的固气比、火焰温度和炉膛温度，强化气固相料流之间的传热和传质过程，对提高生产系统的热工稳定性和换热效率将起到积极的促进作用。

系统所需助燃风量的降低，有利于提高预热器和分解反应器中的固气比、火焰温度和炉膛温度，强化气固相料流之间的传热和传质过程，对提高生产系统的热工稳定性和换热效率将起到积极的促进作用。

（2）O_2 浓度和漏风系数对系统烟气量的影响。

不同 O_2 浓度和漏风系数下的系统烟气量如表 4.8 所示，变化曲线如

图 4.7 所示。

表 4.8　不同 O_2 浓度和漏风系数下的预热器出口烟气量

单位：Nm^3/s

漏风系数	$O_2\%=21$	$O_2\%=23$	$O_2\%=25$	$O_2\%=27$	$O_2\%=30$
1%	34.94	31.49	28.83	26.70	24.22
3%	36.90	33.18	30.29	27.99	25.31
5%	38.92	34.90	31.78	29.30	26.41
7%	40.99	36.65	33.29	30.62	27.51
10%	44.20	39.34	35.59	32.62	29.18

由表 4.8 和图 4.7 可知：随着系统送风中 O_2 浓度的增加，预热器出口烟气量逐渐降低。当系统漏风系数为 3%，系统送风中 O_2 浓度由 21% 增加至 30% 时，系统烟气量由 36.90 Nm^3/s 降低至 25.31 Nm^3/s，降低 31.41%；随着系统漏风系数的增加，预热器出口烟气量逐渐增加。当送风 O_2 浓度为 30%，漏风系数由 1% 增加至 10% 时，系统烟气量由 24.22 Nm^3/s 增加至 29.18 Nm^3/s，升高 20.48%。

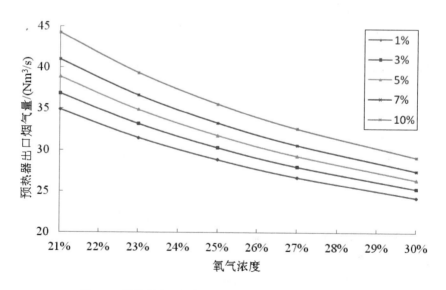

图 4.7　预热器出口烟气量随 O_2 浓度和漏风系数的变化

若漏风系数和水泥生料投料量保持稳定,在水泥生料分解产生的烟气量不变的情况下。随着送风 O_2 浓度的增加,系统送风量逐渐降低,由于煤粉燃烧所产生的烟气量逐渐降低。所以随着送风 O_2 浓度的增加,系统烟气量逐渐降低;当系统送风中 O_2 浓度保持不变时,随着漏风系数的增加,由外界环境进入系统内部的空气量增加,由此所引入的 N_2 量也逐渐增加。所以随着漏风系数的增加,系统烟气量逐渐降低。

系统送风中 O_2 浓度的提高和烟气量的降低,提高了水泥熟料生产系统的固气比和换热效率,有利于预热器出口烟气温度的降低,提高系统热量回收率,同时也降低了由烟气排放所带来的热量损失。

（3）O_2 浓度和漏风系数对烟气排放量的影响。

不同 O_2 浓度和漏风系数下烟气排放量如表 4.9 所示,变化曲线如图 4.8 所示。

由表 4.9 和图 4.8 可知:随着系统送风中 O_2 浓度的增加,系统最终烟气排放量逐渐降低。当系统漏风系数为 3%,O_2 浓度由 21% 增加至 30% 时,系统最终烟气排放量由 18.30 Nm^3/s 降低至 15.97 Nm^3/s,降低 12.73%;随着系统漏风系数的增加,系统最终烟气排放量逐渐增加。当 O_2 浓度为 30%,漏风系数由 1% 增加至 10% 时,系统最终烟气排放量由 14.79 Nm^3/s 增加至 20.19 Nm^3/s,升高 36.51%。

系统最终烟气排放量的降低,可有效降低后续烟气中 CO_2 液化分离过程的工作负荷和投资运行成本,有利于降低 CO_2 的捕集成本。

表 4.9 不同 O_2 浓度和漏风系数下的烟气量排放量

单位:Nm^3/s

漏风系数	$O_2\%=21$	$O_2\%=23$	$O_2\%=25$	$O_2\%=27$	$O_2\%=30$
1%	16.27	15.81	15.45	15.15	14.79
3%	18.30	17.57	16.99	16.52	15.97
5%	20.38	19.37	18.57	17.92	17.16
7%	22.53	21.21	20.18	19.35	18.36
10%	25.87	24.06	22.65	21.52	20.19

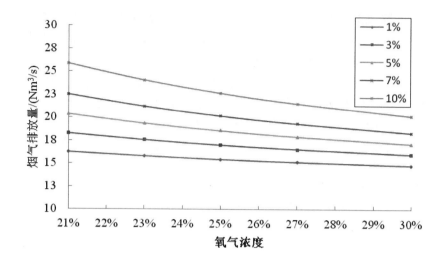

图 4.8　烟气排放量随 O_2 浓度和漏风系数的变化

4.5.2　O_2 浓度和漏风系数对 CO_2 排放浓度的影响

不同 O_2 浓度和漏风系数下烟气中 CO_2 排放浓度如表 4.10 所示,变化曲线如图 4.9 所示。

由表 4.10 和图 4.9 可知:在富氧燃烧条件下,随着系统送风中 O_2 浓度的增加,烟气中 CO_2 浓度逐渐增加。当系统漏风系数为 3%,O_2 浓度由 21% 增加至 30% 时,烟气中的 CO_2 浓度由 72.46% 增加至 76.57%,升高 4.11%,相对于传统空气燃烧工艺条件下烟气中 33.79% 的 CO_2 浓度,提高 42.78%;随着系统漏风系数的增加,烟气中 CO_2 浓度逐渐降低。O_2 浓度为 30%,漏风系数由 1% 增加至 10% 时,烟气中 CO_2 浓度由 83.29% 降至 59.47%,降低 23.82%。

分析原因主要是由于当系统漏风系数一定时,随着 O_2 浓度的增加,烟气排放量逐渐降低。而煤粉燃烧和水泥生料中碳酸盐分解所产生的 CO_2 量会保持不变,所以随着送风 O_2 浓度的增加,烟气中 CO_2 逐渐增加;当系统送风中 O_2 浓度保持不变时,随着漏风系数的增加,由外界环境进入系统内部的空气量增加,由此所引入的 N_2 量也逐渐增加,降低了烟气中 CO_2

的浓度,所以随着漏风系数的增加,烟气中 CO_2 浓度逐渐降低。

表 4.10 不同 O_2 浓度和漏风系数下的烟气中 CO_2 浓度

单位: %

漏风系数	$O_2\%=21$	$O_2\%=23$	$O_2\%=25$	$O_2\%=27$	$O_2\%=30$
1%	82.63	82.92	83.14	83.26	83.29
3%	72.46	73.72	74.72	75.61	76.57
5%	64.38	66.26	67.85	69.18	70.79
7%	57.81	60.12	62.03	63.71	65.80
10%	50.00	52.63	54.91	56.91	59.47

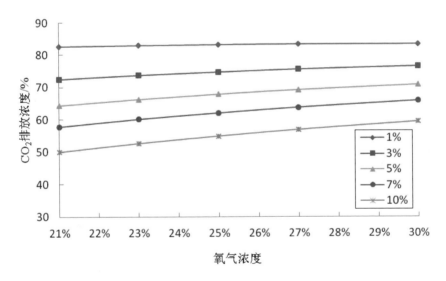

图 4.9 烟气中 CO_2 浓度随 O_2 浓度和漏风系数的变化

提高烟气中 CO_2 的浓度,将对降低烟气中 CO_2 的捕集成本非常有利。为了尽可能提高烟气中 CO_2 的浓度,在对水泥工业实施富氧燃烧富集、捕集 CO_2 技术的过程中,应尽量提高系统送风 O_2 浓度,减少系统的漏风。

4.5.3 O₂浓度和漏风系数对单位产品煤耗的影响

不同 O₂ 浓度和漏风系数下的单位产品煤耗如表 4.11 所示,变化曲线如图 4.10 所示。

表 4.11 不同 O₂ 浓度和漏风系数下的单位水泥熟料煤耗

单位:kg/t·cl

漏风系数	O₂%=21	O₂%=23	O₂%=25	O₂%=27	O₂%=30
1%	119.20	112.24	106.62	101.95	96.33
3%	119.80	112.73	107.02	102.24	96.53
5%	120.50	113.33	107.42	102.54	96.73
7%	121.40	113.93	107.91	102.93	96.92
10%	122.80	115.02	108.70	103.52	97.31

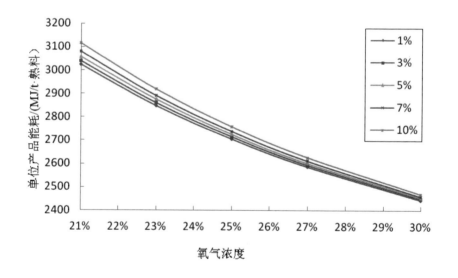

图 4.10 单位熟料煤粉消耗量随 O₂ 浓度和漏风系数的变化

由表 4.11 和图 4.10 可知:在富氧燃烧条件下,随着系统送风中 O₂ 浓度的增加,单位水泥熟料生产煤耗逐渐降低。当系统漏风系数为 3%,系统送风中 O₂ 浓度由 21% 增加至 30% 时,生产煤耗换算成标煤时,则单位水泥熟料生产煤耗由 103.86 kgce/t·cl 降至 83.69 kgce/t·cl,与传统工艺的 100.05 kgce/t·cl 相比,可节约用煤 16.36 kgce/t·cl,节煤率达到 16.35%;随着系统漏风系数的增加,单位水泥熟料生产煤耗逐渐增加。当送风 O_2 浓度为 30%,漏风系数由 1% 增加至 10% 时,单位水泥熟料生产煤耗由 83.51 kg/t·cl 增加至 84.36 kg/t·cl。

分析原因主要是由于在富氧燃烧条件下,系统送风中 O_2 浓度的增加,在提高煤粉燃尽率的同时,还可以降低烟气排放量和排放温度,降低由烟气排放所引起的热量损失。所以随着送风 O_2 浓度的增加,单位水泥熟料的煤粉消耗量逐渐降低。

4.5.4　O_2 浓度和漏风系数对系统生产能力的影响

不同 O_2 浓度和漏风系数下对系统生产能力的影响如图 4.11 所示。

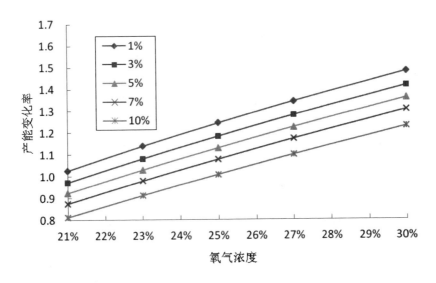

图 4.11　O_2 浓度和漏风系数对系统产能影响

由图 4.11 可知:在富氧燃烧条件下,随着系统送风中 O_2 浓度的增加,系统的生产能力逐渐增加。就我国水泥工业生产技术设备的加工水平而言,水泥生产系统的漏风系数通常为 3% 左右,此时若采用富氧燃烧技术

2 500 t/d 熟料规模的 XDL 节能煅烧生产系统的生产能力在系统送风的 O_2 浓度为 30% 时可达到原生产能力的 1.42 倍,高达 3 550 t/d。此时系统烟气中的 CO_2 浓度为 76.57%,较传统工艺提高 42.78%;烟气排放量为 1.96×10^6 Nm³/d,降低了 55.50%;每天可节约煤粉 58.08 t 标煤,节煤率达到 16.35%。

4.6　本章小结

本章通过建立多目标优化模型,对富氧燃烧技术和 XDL 节能煅烧技术进行耦合性研究。确定漏风系数和系统送风中的 O_2 浓度对目标函数(系统送风量、烟气量、烟气排放量、CO_2 排放浓度、单位水泥熟料煤耗和系统产能)的影响关系。结果表明:

(1)随着系统送风中 O_2 浓度的增加,系统送风量、烟气量和烟气排放量逐渐降低。当 O_2 浓度为 30%,系统漏风系数为 3% 时,系统送风量、预热器出口烟气量和烟气排放量分别为 O_2 浓度为 21% 时的 57.58%、68.59% 和 87.27%。

(2)随着系统漏风系数的增加,系统送风量逐渐降低,烟气量和烟气排放量逐渐增加。当 O_2 浓度为 30%,系统漏风系数由 1% 增加到 10% 时,系统送风量可降低至漏风系数为 1% 时的 92.06%,预热器出口烟气量和烟气排放量则分别增加至漏风系数为 1% 时的 1.20 和 1.37 倍。

(3)随着 O_2 浓度的增加和系统漏风系数的降低,烟气中 CO_2 浓度逐渐增加。当漏风系数为 3%,O_2 浓度为 30% 时,烟气中 CO_2 浓度为 76.57%,较于传统空气燃烧工艺所产生烟气中 33.79% 的 CO_2 浓度提高了 42.78%。

(4)随着 O_2 浓度的增加和漏风系数的降低,单位水泥熟料生产煤耗逐渐降低。当系统漏风系数为 3%,O_2 浓度为 30% 时,单位水泥熟料的生产能耗 83.69 kgce/t·cl,与传统空气燃烧工艺 100.05 kgce/t·cl 的生产能耗相比,可节约用煤 16.36 kgce/t·cl,节煤率达到 16.35%。

(5)随着 O_2 浓度的增加和漏风系数的降低,系统的生产能力逐渐增加。

参考文献

[1] 严生,常捷,程麟.新型干法水泥厂工艺设计手册 [M].北京：中国建材工业出版社,2007：318-347.

[2] 刘光启,马连湘,刘杰.化学化工物性数据手册 [M].北京.化学工业出版社,2002,3：145.

[3] U.Desideri, A.Paolucci.Performance modelling of a carbon dioxide removal system for power plants [J]. Energy Conversion & Management,1999,40：1899 - 1915.

[4] S.B.Christian. Modeling changes in the mass balance of glaciers of the northern hemisphere for a transient $2 \times CO_2$ scenario[J]. Journal of Hydrology,2003,282（1/4）：145-163.

[5] M.Wise,J.Dooley,R.Dahowski.Modeling the impacts of climate policy on the deployment of carbon dioxide capture and geologic storage across electric power regions in the United States[J]. International Journal of Greenhouse Gas Control,2007,1（2）：261-270.

[6] A.Aboudheir, P.Tontiwachwuthikul, R.Idem. Rigorous model for predicting the behavior of CO_2 absorption into AMP in packed 2 bed absorption columns[J].Industrial and Engineering Chemistry Research,2006,45（8）：2553-2557.

第 5 章

水泥工业富集、捕集、利用和封存 CO_2 的技术经济性分析

5.1 引　言

在水泥工业富集、捕集、利用和封存 CO_2 属于系统工程，包括空分制氧、CO_2 富集、CO_2 分离液化、CO_2 储运、CO_2 封存等相关技术。本章结合 2 500 t/d 水泥熟料规模 XDL 节能煅烧工艺系统与富氧燃烧技术的耦合性研究结果，提出在水泥工业生产过程中，采用富氧燃烧技术使烟气中的 CO_2 富集；然后采用深冷冷冻液化技术实现烟气中 CO_2 的分离与液化；采用管道运输的方式将液态 CO_2 产品输运至油气田用于驱油，提高原油采收率（Enhance Oil Recovery, EOR），以实现对水泥工业 CO_2 的富集、捕集、利用与封存。具体的工艺路线如图 5.1 所示。

为了论证所提出的技术路线能否在工业上实施，必须对其进行系统的技术经济性可行性分析[1]。下面将以 2 500 t/d 规模的 XDL 节能煅烧工艺系统为例，分别对以上几个环节所产生的费用和效益进行分析，进而对

在水泥工业采用富氧燃烧技术实现 CO_2 富集、捕集、利用和封存的技术经济性进行分析评价。

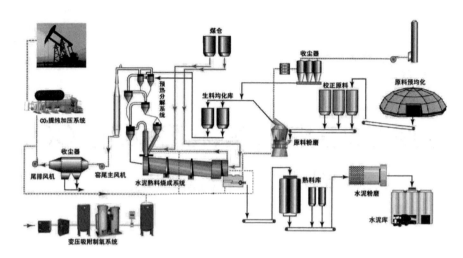

图 5.1　在水泥工业捕集、捕集、利用与封存 CO_2 的技术工艺路线示意图

　　条件设定：针对采用富氧燃烧技术，对 2 500 t/d 规模 XDL 节能煅烧生产工艺系统的悬浮预热分解系统、水泥熟料冷却系统、粉磨系统和自动化控制系统进行技术改造和升级；增加烟气循环及配风均化系统；采用 O_2 浓度为 30% 的助燃风进行煤粉助燃和熟料生产，漏风系数为 3%，O_2 过剩系数为 1.05%；设定年生产时长为 300 天。

　　在富氧燃烧和传统燃烧技术条件下，2 500 t/d 规模 XDL 节能煅烧工艺系统的系统风量、系统烟气量、烟气循环量、烟气中 CO_2 浓度、单位水泥熟料煤耗和 O_2（93%）消耗量如表 5.1 所示。

表 5.1　不同水泥生产工艺条件下的技术参数

传统工艺	指标	富氧燃烧生产工艺	指标
系统风量	22.55 Nm³/s	系统风量	19.15 Nm³/s
预热器出口烟气量	35.87 Nm³/s	预热器出口烟气量	35.94 Nm³/s
烟气循环量		烟气循环量	13.26 Nm³/s
烟气排放量	35.87 Nm³/s	烟气排放量	22.68 Nm³/s
CO_2 排放浓度	33.79 %	CO_2 排放浓度	76.57 %
O_2（93%）消耗量		O_2（93%）消耗量	5.87 Nm³/s
单位煤粉消耗量	115.40 kg/t.cl	单位煤粉消耗量	96.53 kg/t.cl
熟料产量	2 500 t/d	熟料产量	3 550 t/d

5.2 CO_2 捕集过程的技术经济性分析

5.2.1 技术分析

5.2.1.1 空气分离制氧技术

工业上制氧的方式主要有深冷法和变压吸附法两种。深冷法制氧技术是根据氧、氮组分的沸点的不同对空气进行液化和精馏制取氧气的技术,目前国内最大制氧机的制氧能力可达 72 000 m^3/h,国际上最大可达 110 000 m^3/h。此方法可制得高纯度氮气和氧气,O_2 纯度可达 99.6%,N_2 纯度可达 99.999%。同时可副产 N_2、Ar 等气体。变压吸附空气分离制氧在 20 世纪 70 年代初已被发明,并在工业上应用。相对于深冷法制氧技术来说,变压吸附是发展较晚的空分制氧技术。大型变压吸附制氧系统其产品纯度可达 90%~95%,由于变压吸附制氧技术工作温度和压力比较温和,安全性能较好,该技术的制氧成本和能耗也较低,近年来已成为被市场广泛接受的新型制氧技术[2-5]。

5.2.1.2 水泥工业富氧燃烧改造技术

为提高烟气中 CO_2 浓度,需在 2 500 t/d XDL 节能煅烧工艺系统上采用富氧燃烧技术。为了保证生产系统的正常运行,必须对原有系统进行如下升级和技术改造。

(1)改造预热分解系统。

由于采用富氧燃烧技术后,系统的生产能力由原有的 2 500 t/d 提高到 3 550 t/d,为了维持系统的稳定运行,需对预热分解系统的旋风预热器、分解炉、下料管及翻板阀的结构尺寸按照新的产能重新设计加工。

(2)增加烟气循环及配风均化系统。

本技术采用循环烟气与高浓度 O_2 的混合气体组织煤粉燃烧和水泥熟料生产,故在原有生产系统的基础上,需添置烟气循环和配风均化系统。

由于出收尘器的烟气温度高于 100 ℃,高于目前市场上烟气引流风机的设计温度,所以在烟气进入引流风机前需进行冷却降温处理。并且烟气中含有一定含量的 SO_2、NO_x 和水蒸气,不能满足烟气引流风机和配风均化系统的使用要求,在烟气进入烟气循环前,需对循环烟气进行降温、干燥、除杂等一系列处理,以满足后续工艺设备单元的使用要求。

（3）改造熟料冷却系统。

在水泥熟料生产过程中,为了更好地回收水泥熟料显热,一般采用风冷的方式对水泥熟料显热加以回收再利用,以降低单位产品的生产能耗。水泥工业生产传统工艺采用篦式冷却机,空气作为冷却介质,直接对水泥熟料进行降温,气密性较差。

由于富氧燃烧技术对系统气密性要求很高,所以为了更好地减少系统漏风量,需对现有篦式冷却机进行技术改造,以提高其气密性,最大限度地降低进入系统内部的空气量。除了对现有篦式冷却机进行气密性改造之外,还可以将现有篦式冷却机更换为立式等其他气密性较好的水泥熟料冷却机。

（4）水泥生料和熟料粉磨系统的扩能改造。

由于采用富氧燃烧技术后,可将设备产能由 2 500 t/d 提高至 3 550 t/d,水泥生料消耗量将由原来的 4 250 t/d 增加至 6 035 t/d。为了满足改造后水泥生料的供给量和熟料处理量,需对现有水泥生料和熟料粉磨系统进行扩能改造,使其处理能力提高至原来的 1.42 倍。

（5）自动化控制系统升级。

在水泥工业采用富氧燃烧技术后,需针对新技术的特点和控制要求,结合旋风预热分解系统、烟气循环与配风均化系统、熟料冷却系统及粉磨系统的技术改造,对原有生产系统的自动化控制系统进行改造。

5.2.1.3 CO_2 液化分离技术

可实现从烟气中分离 CO_2 的技术主要包括:吸附技术、吸收技术、低温相变分离技术和膜分离技术。在 2 500 t/d XDL 节能煅烧工艺系统上应用富氧燃烧技术后,系统烟气的主要组分及含量如表 5.2 所示。

表 5.2　烟气中主要气体组分的浓度

组分	CO_2	N_2	O_2	H_2O	其他
浓度	76.57%	12.44%	1.96%	8.86%	0.17%

由表 5.2 所示可知:烟气中的 CO_2 浓度为 76.57%;N_2 浓度为 12.44%;水分含量为 8.86%;同时烟气中还含有少量的 O_2、CO、NO_x、SO_x 和粉尘等杂质。烟气中 CO_2 浓度和水分含量比传统工艺大幅度提高,N_2

含量明显降低。

由表 5.3 常见气体的临界温度和临界压力可知:CO_2 的临界温度要远远高于其他气体组分(H_2O 除外)的临界温度,故相对于其他气体而言,烟气中的 CO_2 更易液化。

表 5.3 常见气体的临界温度和临界压力

项 目	临界压力 /MPa	临界温度 /℃
H_2O	22.12	374.15
CO_2	7.38	31.1
O_2	5.04	−118.6
N_2	3.40	−147.0
Ar	4.86	−122.5
CO	3.45	−140.2
H_2	1.66	−234.8

比较烟气中主要组分在不同压力下的临界温度(图 5.2)可知:随着压力的增加,各组分的临界温度都有所升高。CO_2 的液化温度在 31.4 ～ −40 ℃;而其他气体组分的液化温度均在 −118 ℃以下。利用 CO_2 混合气体在低温下的相变特性,基于气体相变机理与能量梯级利用原理,可采用多级压缩与低温冷能分离技术将 CO_2 进行液化分离。

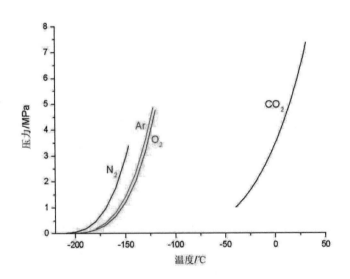

图 5.2 烟气中主要组分不同压力下的临界温度

由于在分离液化 CO_2 的过程中需要消耗大量冷能,必须有为系统提供冷能的制冷系统。所需要的制冷量约为 13.3 MW,制冷温度为 –25 ~ –35 ℃。考虑到在水泥生产过程中有 200 ℃ 的尾气余热,所以可应用氨吸收式制冷循环技术为液化 CO_2 提供相应的冷能,以减少在外驱动动力装置方面的投资。基于以上原因选用深冷冷冻液化分离技术实现对水泥工业烟气中 CO_2 的液化分离,以减少因低压低温而造成的冰封、冷能消耗过大和高压常温液化消耗大量压缩功的问题。CO_2 深冷冷冻液化技术的工艺流程如图 5.3 所示。

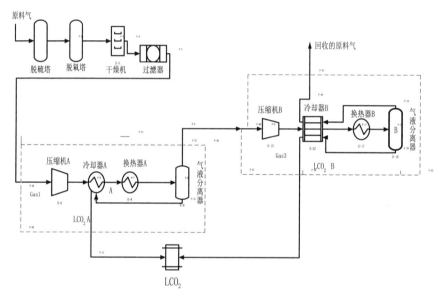

图 5.3　CO_2 深冷冷冻液化技术工艺流程简图

5.2.2　成本核算依据

5.2.2.1　制氧成本

由表 5.1 可知:在 2 500 t/d 水泥熟料生产系统采用 O_2 浓度为 30% 的富氧燃烧技术时,系统的单位时间耗氧量为 5.87 Nm^3/s,即为 21 132 Nm^3/h。表 5.4 为该规模下的深冷制氧装置和 VPSA 制氧装置的投资运行成本分析表。

从表 5.4 可以看出，从投资总额、运行维护、管理费用几方面考量，VPSA 制氧系统更适合用于 22 000 Nm^3/h 规格的工业制氧装置。

则每年的制氧成本为：

$$制氧成本 = 耗氧量 \times 制氧成本$$
$$=21\ 132 \times 24 \times 300 \times 0.206$$
$$=3\ 134\ 万元/a \tag{5-1}$$

假定制氧设备使用寿命为 20 年，设备净残值按 500 万元计，分子筛更换费用为 300 万元，则每年的设备运行（含设备折旧，按直线折旧法计算）费用为：

$$设备运行成本 = \frac{7\ 500 - 500 + 300}{20} + 35 + 50$$
$$=450\ 万元/a \tag{5-2}$$

则 15 000 Nm^3/h-VPSA 制氧装置的年综合成本 $Cost_{O_2}$ 为：

$$Cost'_{O_2} = 3\ 134 + 450 = 3\ 584\ 万元/a \tag{5-3}$$

式中，$Cost'_{O_2}$ 为制氧设备的综合制氧成本，万元/a。

表 5.4　工业制氧系统投资运行成本分析表

项　　目		深冷制氧技术	VPSA 制氧技术
产品性能	装置规模	KDON-22000/55000/500	VSAO-24000/93
	O_2 气产量纯度压力	22 000 Nm^3/h，纯度 99.6%，常压	24 000 Nm^3/h，纯度 93%，常压
	N_2 气产量纯度压力	44 000 Nm^3/h，纯度 99.99%，常压	——
	液氧产品	290 Nm^3/h	——
	液氮产品	290 Nm^3/h	——
	液氩产品	660 Nm^3/h	——
	控制水平	DCS 控制	PLC 控制
投资运行成本	综合投资估算	10 000 万元	7 500 万元
	维护费用估算	66 万元/a	35 万元/a
	操作人员费用	180 万元/a	50 万元/a
	更换分子筛费用	4 万元	300 万元
	制氧单位能耗	0.480 kW·h/Nm^3·O_2	0.412 kW·h/Nm^3·O_2
	氧气直接成本	0.240 元/Nm^3·O_2	0.206 元/Nm^3·O_2

项　目		深冷制氧技术	VPSA 制氧技术
销售收入	液氧产品	—	
	液氮产品	80 万元 /a	—
	液氩产品	323 万元 /a	
	合计	403	—
成本	有液体产品	0.251 3 元 /Nm³O₂	0.237 5 元 /Nm³O₂
	无液体产品	0.288 6 元 /Nm³O₂	0.237 5 元 /Nm³O₂

注：电价：0.5 元 / 度；液氧价格：400 元 /m³；液氩价格：700 元 /m³，300 工作日 / 年。

5.2.2.2　技术改造成本

在 2 500 t/d XDL 节能煅烧工艺系统上采用富氧燃烧技术需要进行的系统改造和升级费用如表 5.5 所示。

表 5.5　水泥熟料生产系统工程改造费用分项表

项　目	金额 / 万元
悬浮预热分解系统改造费用	5 000
烟气循环及配风系统购置费用	1 500
水泥熟料冷却系统改造费用	750
生料和熟料粉磨系统扩能改造费用	2 500
DCS 自控系统升级改造费用	200
工程材料	240
土建投资	60
安装工程	120
综合投资费用	10 370

由表 5.5 可知：对 2 500 t/d XDL 节能煅烧工艺系统进行技术改造和升级所需综合投资费用为 10 370 万元。设备设计寿命按 20 年计，设备净残值 1 000 万元计，则设备改造部分每年的折旧（直线折旧法）费用为 468.5 万元；设备的运行、维护及人工费按 100 万元 /a，则改造系统每年的运行成本 $Cost_{RP}$ 为：

$$Cost'_{RP} = 468.5 + 100$$

$$=568.5 \text{ 万元 /a} \qquad (5\text{-}4)$$

式中，$Cost'_{RP}$ 为改造系统的运行成本，万元 /a。

5.2.2.3　CO_2 分离液化成本

CO_2 深冷冷冻液化工艺的主要性能参数如表 5.6 所示。

表 5.6　CO_2 深冷冷冻液化工艺的主要技术参数

项目	数值	单位
CO_2 回收率	91.76	%
CO_2 纯度	97.21	%
压缩机耗功	16.34	MW
制冷量	13.236	MW
制冷温度	$-25 \sim -35$	℃
热源温度	200	℃
单位 CO_2 液化能耗总量	398	kJ/kgCO_2

由表 5.6 可知：CO_2 回收率为 91.76%，则单位时间内 CO_2 回收量为：

$$m_{CO_2} = M_{CO_2} PV/RT$$
$$= 34.09 \text{ kg/s} \qquad (5\text{-}5)$$

式中，m_{CO_2} 为单位时间 CO_2 回收量，kg/s；M_{CO_2} 为 CO_2 的摩尔质量，g/mol；P 为气体压力，Pa；V 为气体体积流量，m^3/s；R 为气体常数，R=8.314 Pa·m^3/mol·K；T 为气体温度，K。

液态 CO_2 产品纯度为 97.21%，所以单位时间内可得液态 CO_2 产品为：

$$m = m_{CO_2} \div 0.9721$$
$$= 35.07 \text{ kg/s}$$
$$= 90.89 \text{ 万 t/a} \qquad (5\text{-}6)$$

式中，m 为单位时间液态 CO_2 产品量，kg/s、万 t/a。

由计算式 5-3 和 5-4 可知，单位 CO_2 产品所需的制氧成本和改造成本为：

$$Cost_{O_2} = 3\,584 \div 90.89$$

$$= 39.43 \text{ 元 /t} \cdot CO_2 \qquad (5-7)$$

$$Cost_{RP} = 568.5 \div 90.89$$

$$= 6.25 \text{ 元 /t} \cdot CO_2 \qquad (5-8)$$

式中，$Cost_{O_2}$ 为单位 CO_2 产品的制氧成本，元 /t $\cdot$ CO_2；$Cost_{RP}$ 为单位 CO_2 产品所需的改造成本，元 /t $\cdot$ CO_2。

表 5.7 为 CO_2 液化回收系统的投资运行成本分析表。

表 5.7　CO_2 液化回收系统的投资运行成本分析表

项　目	设　备	金额 / 万元
综合投资估算	氨吸收式制冷机组（2 组）	100
	冷气换热器（2 台）	30
	增压机（2 台）	40
	气体分离器	8
	脱硫塔	30
	脱氧器	30
	干燥机	3
	过滤器	2
	溶液泵（2 台）	0.4
设备运行成本	维护费用估算	3 万元 /a
	操作人员费用	9 万元 /a
	液化成本	55.28 元 /t $\cdot$ CO_2

由表 5.7 可知：CO_2 液化成本 $Cost_{CO_2}$ 为 55.28 元 /t $\cdot$ CO_2；设备综合投资为 243.4 万元，假定设计寿命按 20 年计，设备净残值按 13.4 万元计，则由每年设备折旧（直线折旧法）所带来的费用支出为 11.5 万元 /a；设备维护费用为 3 万元 /a；人员费用为 9 万元 /a。

则单位 CO_2 产品液化分离设备的投资运行成本 $Cost_{PC}$ 为：

$$Cost_{PC} = \frac{11.5 + 3 + 9}{90.89} + 55.28$$

$$= 55.54 \text{ 元 /t} \cdot CO_2 \qquad (5-9)$$

式中，$Cost_{PC}$ 为单位 CO_2 产品液化分离设备的投资运行成本，元 $/t \cdot CO_2$。

5.2.3　CO_2 捕集成本

在 CO_2 捕集分离过程中，其成本主要包括空分制氧成本、生产系统技术改造成本及分离液化成本三部分。所以在水泥工业采用富氧燃烧技术富集、捕集 CO_2 的成本为：

$$
\begin{aligned}
Cost_{CO_2} &= Cost_{O_2} + Cost_{RP} + Cost_{PC} \\
&= 39.43 + 6.25 + 55.54 \\
&= 101.22 \ \text{元} /t \cdot CO_2 \qquad （5\text{-}10）
\end{aligned}
$$

现有的燃煤电厂采用燃烧后捕集技术的 CO_2 捕集成本为 29～51 美元 $/t \cdot CO_2$[6]。美元人民币汇率按 1 美元 =6.208 8 元计算，则现有燃烧后捕集技术的 CO_2 捕集成本为 180.06～316.65 元 $/t \cdot CO_2$。而在水泥工业用富氧燃烧技术富集并捕集 CO_2 的成本仅为 101.22 元 $/t \cdot CO_2$，优于现有煤电行业的 CO_2 捕集技术，具有很大的技术优势和市场竞争力。

5.2.4　节能与效益

2 500 t/d-XDL 节能煅烧工艺系统采用富氧燃烧技术后，所带来的经济效益主要包括节约能源和产能增加两方面。按前面的研究结果可知系统的生产能力可由 2 500 t/d 提高到 3 550 t/d，产能提高 1 050 t/d；单位水泥熟料的燃料消耗量由原来的 100.05 kgce/t · cl 降至 83.69 kgce/t · cl，可节约能源 16.36 kgce/t · cl。

则每天可节约的燃煤量为：

$$
\begin{aligned}
节约燃煤量 &= \frac{(100.05 - 83.69) \times 3\,550}{1\,000} \\
&= 58.08 \ t/d \qquad （5\text{-}11）
\end{aligned}
$$

标准煤价格按 700 元 /tce 计算,则每天可节约的能源费用为 4.07 万元 /d。

系统产能可增加 1 050 t/d,单位水泥熟料利润按 35 元 /t 计,则每天由于生产能力的提高所带来的经济效益为 3.68 万元 /d。

每天可得 CO_2 产品 3 030.05 t,所以捕集单位 CO_2 可带来的经济效益 E_{TI} 为:

$$E_{TI} = \frac{4.07 + 3.68}{3\ 030.05}$$

$$= 25.55 \text{ 元 } /t \cdot CO_2 \qquad (5-12)$$

式中,E_{TI} 为捕集单位 CO_2 产品可带来的经济效益,元 /t·CO_2。

5.3　CO_2 储运过程的技术经济性分析

5.3.1　CO_2 储运技术

把液化分离后的 CO_2 产品输运至利用或封存地点,需要根据 CO_2 生产企业和输运目的地的具体要求、输送量选择适当的运输方式。目前已经实践过的 CO_2 运输方式主要有管道运输、轮船运输和罐车运输[6,7]。对于大型水泥生产企业而言,每年的 CO_2 排放量可高达百万吨级,而对于大规模、长距离的 CO_2 输送,管道输送是目前最经济合理的方法。采用管道输送时必须考虑途中的摩擦损耗。为了保证在输送过程中 CO_2 始终处于超临界状态,避免出现两相流等复杂流动现象,一般要求管道内 CO_2 的压力在 8 MPa 以上[8-10]。

5.3.2　CO_2 储运成本分析

CO_2 运输成本是运输距离、运输规模、用户需要等多种因素的函数。

运输方式不同,对 CO_2 的压力、纯度、利用方式等要求也不通,从而会间接影响到 CO_2 捕集和封存成本,并最终影响到整个工程项目的经济性。

参照国外相关 CO_2 管道建设的相关经验,结合我国的实际国情,并考虑人民币的汇率和国内成本较低等因素,我国 CO_2 管道运输的成本为:

$$Cost_{pipe} = 2.340 \times Dist^{0.483} \tag{5-13}$$

式中,$Cost_{pipe}$ 为单位质量 CO_2 的管道运输成本,元 /tCO_2;$Dist$ 为管道的运输距离,km。

我国大多数水泥企业与油田等可能进行 CO_2 封存与利用地点的直线距离在 500 km 以内,考虑实际情况,考察 200 ~ 500 km 的运输距离,则单位 CO_2 的单位里程运输成本为 0.151 ~ 0.094 元 /(t·km)。

假定 CO_2 产品输运距离为 200 km,据计算式(5-14),则液态 CO_2 的储运成本 $Cost_{pipe}$ 为:

$$
\begin{aligned}
Cost_{pipe} &= 2.340 \times Dist^{0.483} \\
&= 2.340 \times 200^{0.483} \\
&= 30.24 \text{ 元 /t·} CO_2
\end{aligned}
\tag{5-14}
$$

5.4　CO_2 封存过程的技术经济性分析

5.4.1　CO_2 封存技术

就目前世界现有的封存技术而言,CO_2 封存技术可分为地质封存、海洋封存和矿石封存等。其中,地质封存被认为是最成熟、也是最可行的 CO_2 封存方式。地质封存主要包括 CO_2-EOR 技术、枯竭油田封存技术、地下盐水层封存技术和 CO_2-ECBM 技术。

利用现有油气田封存 CO_2 的 CO_2-EOR 技术被认为是未来的主流技

术,该技术在通过向油田注入 CO_2 等气体来提高油田采收率的同时,实现部分 CO_2 封存,兼顾了 CO_2 封存过程中的经济效益和环境效益。

5.4.2 CO_2-EOR 技术

现有的 CO_2 驱油方式主要有 CO_2 混相驱油、CO_2 非混相驱油和单井非混相 CO_2 "吞吐" 开采技术三种技术路线。

2010 年 4 月,美国《油气杂志》发布了 2010 年世界提高采收率调查报告,报告显示 2010 年世界 EOR 项目总产量为 8 088 万 t/a,在各种 EOR 技术中,CO_2 驱油和蒸汽驱油应用最广泛[11]。从产量来看,蒸汽驱油的产量占总产量的 61%,其次 CO_2 混相驱油占 17 %。从项目数量看,CO_2 混相驱油的项目数为 109 个,占世界 EOR 项目调查总数的 37%,产油量为 27.2 万桶 / 天[12]。

我国在利用 CO_2-EOR 技术上也有很大潜力。经查我国到 2003 年已有探明原油地质储量(Original oil in place, OOIP)的低渗油藏为 63.2 亿 t,占全部探明 OOIP 的 28.1%。在近几年的新增储量中,低渗油藏占 60% ~ 70% 左右。全国已开发低渗油田的平均采收率仅 20%,低于全国油田的平均采收率 32.2%。随着 CO_2-EOR 技术的不断发展,目前利用 CO_2-EOR 技术可将低渗油藏的石油采收率提高 15% ~ 25%,最高可达 33%。据测算,我国低渗油藏中约有 32 亿 t 适合使用 CO_2-EOR 技术,占全部低渗油藏的 50.6%。

通过以上分析,CO_2-EOR 技术不仅可以提高低渗透油藏的采收率,并且可实现部分 CO_2 地质封存,具有很高的经济效益和社会效益。

5.4.3 CO_2-EOR 技术成本分析

CO_2 封存成本是指将 CO_2 注入地下进行强化驱油的相关成本,主要包括设备投资费用、矿区使用费用、CO_2 原料费用、燃料费、操作和管理费用、税费及其他费用。美国是世界上目前商业化运营 CO_2-EOR 项目最多的国家,登伯瑞资源公司(Denbury Resources)2010 年在美国本土拥有 17 项 CO_2-EOR 项目,其公布的 2009 年第二季度在墨西哥湾沿岸进行的

CO_2-EOR 项目的操作成本为 149 美元 /t[13]。表 5.8 为登伯瑞资源公司相关 CO_2-EOR 项目的总体驱油成本分析表。

表 5.8　CO_2-EOR 项目驱油成本分析表

项　目	金额
投资成本	21.4～28.6 美元 /t
矿区使用费	14.3～28.6 美元 /t
CO_2 费用	28.6～35.7 美元 /t
燃料费	7.1～21.4 美元 /t
操作与管理费	14.3～21.4 美元 /t
税费	14.3～28.6 美元 /t
其他费用	28.6～35.7 美元 /t

本章直接引用美国登伯瑞资源公司在墨西哥湾实施的 CO_2-EOR 项目平均驱油成本作为 CO_2 封存成本的计算依据。由表 5.8 可知：CO_2 原料费用为 28.6～35.7 美元 /t，按其平均值 32.15 美元 /t 进行计算。所以扣除 CO_2 原料费用后的 CO_2 强化驱油运行成本为：

$$Cost_{EOR} = (149 - 32.15) \times 6.208\,8$$
$$= 725.50\ 元 /t \cdot CO_2 \qquad (5-15)$$

式中，$Cost_{EOR}$ 为扣除 CO_2 原料费用后的 CO_2 强化驱油运行成本，元 /t $\cdot CO_2$。

5.4.4　CO_2 强化驱油效益分析

气候组织发布的相关报告表明：通常情况下，每注入 2.5～4.1 t CO_2 能增产 1 t 石油。按气候组织公布的驱油效率的平均值（即每注入 3.3 t CO_2 能增产 1 t 原油）来计算使用 CO_2-EOR 技术所带来的经济效益。

原油价格按布伦特原油期货价格 114 美元 / 桶计算；原油密度按 0.81 kg/L 计算。则每吨原油的价格为 885.16 美元 /t，人民币单价 5 495.78 元 /t。

单位 CO_2 驱油所能带来的经济效益 E_{EOR} 为：

$$E_{EOR} = \frac{5\,495.78}{3.3}$$

$$= 1\,665.39\ 元/t \cdot CO_2 \qquad (5-16)$$

式中，E_{EOR} 为单位 CO_2 驱油所能带来的经济效益，元$/t \cdot CO_2$。

5.5　综合评价

本章提出的水泥工业富集、捕集、利用及封存 CO_2 的技术系统包括：①采用富氧燃烧与烟气循环技术，在实现水泥工业节能减排的同时，提高烟气中 CO_2 的浓度；②采用直接深冷冷冻法实现烟气中 CO_2 的液化分离；③采用管道输送的方式将液态 CO_2 产品输运至油气田；④采用 CO_2–EOR 技术，在提高油田的采收率的同时，实现部分 CO_2 地质封存[14]。

将富氧燃烧技术用于 2 500 t/d XDL 节能煅烧工艺系统后的 CO_2 捕集成本与效益分布如图 5.4 所示，CO_2 捕集、输运、利用与封存过程各环节的成本和效益分布如图 5.5 所示。

由图 5.4 可知：要在 2 500 t/d XDL 节能煅烧工艺系统上使用富氧燃烧技术，用于空分制氧的成本为 39.43 元$/t \cdot CO_2$，生产系统改造成本为 6.25 元$/t \cdot CO_2$，CO_2 液化分离成本为 55.54 元$/t \cdot CO_2$，同时由于节约能源和产能增加所带来的经济效益为 25.55 元$/t \cdot CO_2$，故该工艺系统的 CO_2 综合捕集成本为 75.67 元$/t \cdot CO_2$，优于目前用于煤电行业的燃烧后 CO_2 捕集技术。由图 5.5 可知：在水泥工业捕集、利用和封存 CO_2 的总成本为 831.41 元$/t \cdot CO_2$；其中 CO_2 捕集成本、储运成本和强化驱油成本分别为 75.67 元$/t \cdot CO_2$、30.24 元$/t \cdot CO_2$ 和 725.50 元$/t \cdot CO_2$，各占总成本的 9.10%、3.64% 和 87.26%。由于原油采收率的提高所带来的经济效益为 1 665.39 元$/t \cdot CO_2$，所以本书所提出的在水泥工业富集、捕集、利用与封存 CO_2 技术的综合效益为 833.98 元$/t \cdot CO_2$。

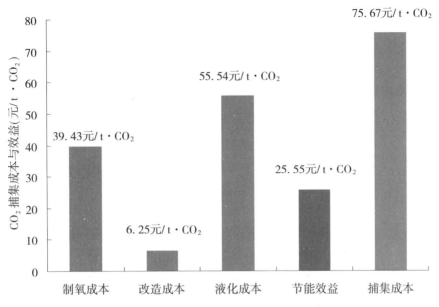

图 5.4 水泥工业 CO_2 捕集技术成本与效益分布图

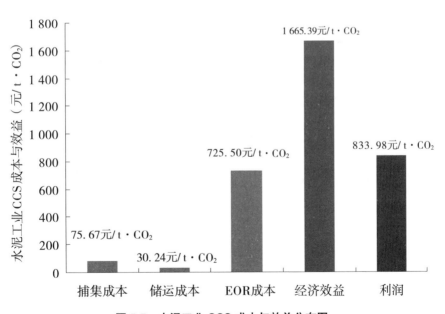

图 5.5 水泥工业 CCS 成本与效益分布图

5.6 本章小结

本章基于前面所开展的 XDL 节能煅烧技术和富氧燃烧技术的耦合性研究,提出在水泥工业采用富氧燃烧技术提高烟气中 CO_2 的浓度;采用直接深冷冷冻法实现对烟气中 CO_2 的液化分离;采用管道运输的方式将液态 CO_2 产品输运至油田;采用 CO_2-EOR 技术提高油田的采收率,同时实现部分 CO_2 地质封存的技术思路。并结合由西安建筑科技大学粉体工程研究所开发的 2 500 t/d XDL 节能煅烧工艺系统,分别对 CO_2 捕集与封存技术的相关环节进行了系统的技术经济性分析。结果表明:

(1)在水泥工业利用富氧燃烧技术捕集 CO_2 的综合捕集成本为 75.67 元 $/t\cdot CO_2$,优于目前用于煤电行业的燃烧后 CO_2 捕集技术。

(2)在水泥工业富集、捕集、利用和封存 CO_2 的总技术成本为 831.41 元 $/t\cdot CO_2$,其中 CO_2 捕集成本、储运成本和强化驱油成本分别为 75.67 元 $/t\cdot CO_2$、30.24 元 $/t\cdot CO_2$ 和 725.50 元 $/t\cdot CO_2$;考虑到使用 CO_2-EOR 技术提高油田采收率所带来的经济效益(1 665.39 元 $/t\cdot CO_2$),在水泥工业富集、捕集、利用与封存 CO_2 的综合效益为 833.98 元 $/t\cdot CO_2$。

参考文献

[1] 李健, 许楠希. 碳捕集与碳封存项目的经济性评价 [J]. 科技管理研究, 2012（8）: 203-206.

[2] Y.Soon-Hwa, L.Ki-Sub, et al. Application of pilotscale membrane contactor hybrid system for removal of carbon dioxide from flue gas [J]. Journal of Membrane Science, 2005, 257: 156 – 160.

[3] D.Jose, U.Maria, S.Jose, et al. Fixed-bed adsorption of carbon dioxide-helium, nitrogen-helium and carbon dioxide-nitrogen mixtures onto silicalite pellets[J]. Separation and Purification Technology, 2006（49）: 91 – 100.

[4] A Aroonwilas, A Veawab. Characterization and comparison of the CO_2 absorption performance into single and blended alkanolamines in a packed column[J].Ind.Eng. Chem. Res, 2004, 43: 2228-2237.

[5] 马光俊. 富氧燃烧在水泥行业的应用 [C]// 中国硅酸盐学会.2013 中国水泥节能技术交流大会论文集. 济南, 2013: 308-311.

[6] 绿色煤电有限公司编著. 挑战全球气候变化——二氧化碳捕集与封存 [M]. 北京: 中国水利水电出版社, 2008: 16-136.

[7] 张佳平, 唐伟, 耿云峰, 等. 变压吸附空分制氧和 CO_2 分离在煤化工中的应用 [C]// 现代化工编辑部. 2007 年国际现代化工技术论坛暨第二届全国化工应用技术开发热点研讨会论文集. 北京: 现代化工出版社, 2007: 67-69.

[8] 吴瑕, 李长俊, 贾文龙. 二氧化碳的管道输送工艺 [J]. 油气田地面工程, 2010（9）: 52-53.

[9] 王小军, 吴宁. 碳封存技术应用融资法律制度研究 [J]. 宁波大学学报, 2014（3）: 114-119.

[10] 张卫东, 张栋, 田克忠. 碳捕集与封存技术的现状与未来 [J]. 中外能源, 2009（11）: 7-14.

[11] 杜建芬, 陈静, 李秋, 等. CO_2 微观驱油实验研究 [J]. 西南石油大学学报(自然科学版), 2012（6）: 131-135.

[12] 陈健, 彭春洋, 湛祥惠, 等. 注 CO_2 驱油技术的室内评价方法及应用

概况 [J]. 石油化工应用, 2011（8）: 1–3, 19.

[13] 张蕾 . CO$_2$–EOR 技术在美国的应用 [J]. 大庆石油地质与开发, 2011
（6）: 153–158.

[14] 许兆峰, 麻林巍, 李政 . 中国二氧化碳捕集与封存成本估算 [C]// 中国
动力工程学会, 中国动力工程学会第四届青年学会会议论文集 . 北
京, 2009: 53–56.

第6章

水泥工业二氧化碳捕集、利用与封存技术分析

6.1 引 言

全球气候变化问题日益严峻,极端气候在世界范围内频繁出现,北极地区冰川消融速度不断加快,北半球冻土地带面积持续萎缩,已经成为威胁人类可持续发展的主要因素之一,科学界普遍认为,人类活动排放的温室气体(主要包括: CO_2, CH_4, N_2O, HFCS, PFCS 和 SF_6 等气体)不断增加是引起全球气候变暖的最重要原因,其中气体 CO_2 所带来的温室效应占总温室气体的 77%。因此,削减温室气体排放以减缓气候变化成为当今国际社会关注的热点,是人类经济社会可持续发展所面临的重大挑战。有关研究显示,未来几十年化石能源仍将是人类最主要的能量来源,要控制全球温室气体排放,除大力提升能源效率、发展清洁能源技术、提高自然生态系统固碳能力外,CCS 技术将发挥重要的作用[1-3]。

在此背景下,中国科学技术部于 2013 年 3 月 11 日发布了《"十二五"国家碳捕集利用与封存科技发展专项规划》,以期加大科研投入和力度,

实现我国温室气体的大幅减排。碳捕集、利用与封存(Carbon Capture, Utilization and Storage, CCUS)技术是一项新兴的、具有大规模二氧化碳减排潜力的技术,有望实现化石能源的低碳利用,被广泛认为是应对全球气候变化、控制温室气体排放的重要技术之一[4,5]。

国际能源署预测,到 2050 年 CCUS 技术减排将占全球总排放量的 20% ～ 28%。此外,CO_2 可注入油层或煤层中,提高石油或煤层气的采收率,即强化采油(EOR)和提高煤层气采收率(ECBM)。通过 EOR,可提高石油采收率 15% ～ 25%,最高可达 33%,具有非常可观的经济效益。

6.2 研究背景

6.2.1 全球气候变化

2012 年的冬天又是一个暖冬,与此同时,世界范围内极端气候事件又在不断发生,以及最近发生在我国中北部大面积的沙尘暴天气出现,每时每刻都在提醒人们,人类的生态环境已经到了非要治理不可的地步了。日益增多的灾害性事件,急剧变化的气候系统,使得人类处于巨大的不确定性所带来的不安中,人类正面临前所未有的挑战[6]。

极端气候的频繁出现,科学界普遍认为其原因是全球气温升高引起的,全球气候变暖已成事实,温室气体特别是 CO_2 的大量排放是气候变暖的主要因素,故控制和减少 CO_2 排放是人类社会面临的紧迫任务。据美国能源部二氧化碳信息分析中心统计结果显示:2010 年全球 CO_2 排放总量为 335 亿 t,其中中国 CO_2 排放量为 82.4 亿 t,占全球排放总量的 24.6%,居世界第一位。

6.2.2 我国面临的减排压力

我国作为发展中大国,在 2009 年 12 月举行的"哥本哈根气候变化峰会"等相关国际谈判中面临着巨大压力,并郑重承诺中国到 2020 年单位 GDP 碳排放在 2005 年的基础上减低 40%～45%。由于经济和能源消费的日益增长,中国面临着与日俱增的温室气体减排国际压力,建立可持续发展的低碳经济成为一种必然选择。鉴于我国的产业和能源结构而言,工业生产是 CO_2 排放的主要来源,煤电、冶金、水泥和化工等领域是我国化石基燃料消耗和 CO_2 排放的主要行业,所以控制和减缓以上工业生产过程中的 CO_2 对于缓解全球变暖和温室效应具有重要意义,在今后很长一段时间内,进行 CO_2 减排技术的研究和开发将成为我国工程界所面临的重要问题之一[7-9]。

就我国水泥行业而言,中国水泥产量已连续 30 年居世界第一,是同期全世界水泥发展速度最快的国家,2012 年中国水泥熟料的产量更是达到了 21.84 亿 t。CO_2 排放量约为 13.58 亿 t,较之于煤电工业而言,水泥工业具有更加有利的捕集 CO_2 条件:在水泥生产过程中,不但会因化石燃料燃烧产生 CO_2,还会因使用石灰石作为主要生产原料而产生碳酸盐分解排放的 CO_2,每生产 1 t 水泥熟料约排放 1 t CO_2,水泥窑炉尾气中的 CO_2 浓度(25% 以上,若采用节能煅烧工艺 - 高固气比悬浮预热预分解工艺,烟气中的 CO_2 浓度甚至可达到 35% 以上)较之热电厂烟气中的 CO_2 浓度(10%～15%)要高很多,更具备捕集吸收条件。对于处于工业化、城市化、现代化加快进程中的中国来说,其大规模基础设施建设不可能停止,水泥作为一种主要建筑材料,其需求还将继续保持在较高水平。因此,无论是现在还是作为中长期发展战略,开展水泥工业低碳经济工程科学技术研究开发,降低水泥生产过程的能源消耗和 CO_2 排放,或利用水泥烧成过程工艺的特点,将其排放的高浓度 CO_2 进一步富集、捕集利用,对于中国的低碳经济建设都会有举足轻重的作用与贡献。

6.2.3　CO_2 捕集与封存技术

CCS 技术是 Carbon Capture and Storage 的缩写,是将二氧化碳捕获和封存的技术。CCS 技术是指通过碳捕捉技术,将工业和有关能源产业所生产的二氧化碳分离出来,再通过碳储存手段,将其输送并封存到海底或地下等与大气隔绝的地方。

CCS 技术由 CO_2 捕集和 CO_2 封存两个部分组成。其中,CO_2 捕集技术最早应用于炼油、化工和发酵等行业。由于这些行业排放的 CO_2 浓度高、压力大,捕集成本并不高。而在其他行业所排放的 CO_2 则由于浓度和压力较低,捕集能耗和成本较高[10,11]。

6.2.3.1 CO_2 捕集技术

就目前在研的 CO_2 捕集技术而言,主要集中在煤电行业,极具捕集系统的技术基础和适用性,工程界通常将 CO_2 的捕集系统分为以下三种:燃烧前捕集、燃烧后捕集和富氧燃烧捕集。三者各有优势,却又各有技术难题尚待解决,目前呈并行发展之势。

燃烧前捕集技术以 IGCC(整体煤气化联合循环)技术为基础:先将煤炭气化成清洁气体能源,从而把 CO_2 在燃烧前就分离出来,不进入燃烧过程。而且, CO_2 的浓度和压力会因此提高,分离起来较方便,是目前运行成本最廉价的捕集技术。问题在于,传统电厂无法应用这项技术,而是需要重新建造专门的 IGCC 电站,其建造成本是现有传统发电厂的两倍以上。

燃烧后捕集技术在燃烧后的烟气中分离和捕集 CO_2,这种技术的主要优点是适用范围广,系统原理简单,对现有电子继承性好。这项技术分支较多,可以分为化学吸收法、物理吸附法、膜分离法、化学链分离法等。其中,化学吸收法被认为市场前景最好,受厂商重视程度也最高,但由于燃烧后烟气体积流量大, CO_2 的分压小,脱碳过程能耗比较大,设备的投资和运行成本会比较高,因而设备运行的能耗和成本较高。

事实上,由于工业烟气中的 CO_2 浓度低、压力低,无论采用哪种燃烧后捕集技术,能耗和成本都难以降低。如果说,燃烧前捕集技术的建设成本高、运行成本低,那么燃烧后捕集技术则是建设成本低、运行成本高。

富燃烧技术也称为 O_2/CO_2 燃烧技术,又被称为 N_2- free Process。该技术作为一项新型的高效节能的燃烧技术,能够降低燃料的燃点,加快燃烧速度、促进燃烧完全、提高火焰温度、减少燃烧后的烟气量、提高热量利用率和降低过量空气系数,被发达国家称为"资源创造性技术"。目前,富氧燃烧技术是工业锅炉最为看好的节能环保燃烧技术之一,已在冶金工业、玻璃工业和热能工程等领域得到了成功应用。

富氧燃烧技术用空气分离获得的纯氧和一部分循环烟气代替空气做矿物燃料燃烧时的氧化剂,组织燃料在 O_2 和 CO_2 混合气体中燃烧,能在燃烧过程中大幅度提高燃烧产物中的 CO_2 浓度,用纯氧时,烟气经过干燥脱水后可得浓度高达95%的 CO_2,排气经过冷凝脱水后,其量的70%～75%循环使用,剩余烟气经净化压缩脱水后即可得到高纯度液体

CO_2,将会大幅度降低烟气中 CO_2 分离与捕集成本。

富氧燃烧技术用于 CO_2 捕集目前处于研究开发阶段,煤电行业已经进行了一些中试装置的测试,在欧洲及美国、加拿大、日本等都有相关的小规模示范电站,这些示范电站从技术上证明了富氧燃烧技术用于电站捕集 CO_2 是可行的。

6.2.3.2　CO_2 封存技术

若把 CCS 作为一个系统来看,碳捕集的成本要占到 2/3,碳封存的成本占 1/3。碳封存技术相对于碳捕集技术也更加成熟,主要有三种:海洋封存、油气层封存和煤气层封存。与碳捕集技术多路线并行发展不同,碳封存技术路线主次分明,方向明确。

海洋封存有两种潜在的实施途径:一种是经固定管道或移动船只将 CO_2 注入并溶解到水体中(以 1 000 m 以下最为典型),另一种则是经由固定的管道或者安装在深度 3 000 m 以下的海床上的沿海平台将其沉淀,此处的 CO_2 比水更为密集,预计将形成一个"湖",从而延缓 CO_2 分解在周围环境中。海洋封存及其生态影响尚处于研究阶段。

油气层封存分为废弃油气层封存和现有油气层封存。国际上有企业在研究利用废弃油气层的可行性,但并不被看好。主要原因在于目前人类对油气层的开采率只能达到 30% ~ 40%,随着技术进步,存在着将剩余的 60% ~ 70% 的油气资源开采出来的可能性。所以,世界上尚不存在真正意义上的废气油气田[12-14]。

通过利用现有油气田封存 CO_2 被认为是未来的主流方向,这项技术被称为 CO_2 强化采油技术,即将 CO_2 注入油气层起到驱油作用,既可以提高采收率,又实现了碳封存,兼顾了经济效益和减排效果。这项技术起步较早,最近 10 年发展很快,实际应用效果得到了肯定,也是中国优先发展的技术方向。

煤层气封存技术是指将 CO_2 注入比较深的煤层当中,置换出含有甲烷的煤层气,所以这项技术也具有一定的经济性。但必须选在较深的煤层中,以保证不会因开采而造成泄漏。中国已经和加拿大合作开发了示范项目,投资高、效果不错。问题在于 CO_2 进入煤气层后发生融胀反应,导致煤气层的空隙变小、注入 CO_2 会越来越难,逐渐再也无法注入。所以,该技术并不被研究人员看好。

6.2.4　水泥工业 CO_2 捕集及封存技术

基于以上阐述和讨论,结合我国水泥行业的 CO_2 排放特点和现状,以及我国产业结构及能源需求的特点,以高固气比预热预分解水泥生产技术为技术背景,提出了一整套完善可行的水泥工业 CO_2 捕集、利用与封存技术:在水泥工业采用富燃烧/烟气循环技术,将来自空分系统的高纯度 O_2 和循环烟气配成 O_2 浓度高于 21% 的 O_2/CO_2 气氛来组织煤粉燃烧,改善水泥工业生产过程中的热工系统;降低水泥生产过程中的烟气排放量,提高烟气中的 CO_2 浓度;采用多级净化压缩液化技术,将来自水泥熟料生产过程中的高浓度 CO_2 烟气直接进行净化压缩液化,制取液态 CO_2;然后将液态 CO_2 输送至油田采用强化采油(EOR)技术,进行 CO_2 强化驱油,提高油田的原油的采收率,在实现温室气体 CO_2 封存的同时,可提高石油采收率 10% ~ 33%,具有非常可观的经济效益。具体措施如下:

(1)采用先进的 VPSA 制氧技术制取高纯度(O_2 浓度 $\geqslant$ 90%) O_2 气,以降低制氧成本。

(2)在水泥生产过程中,采用 O_2 浓度高于 21% 的 O_2/CO_2 气氛来组织煤粉燃烧代以空气为助燃剂的煤粉常规燃烧,提高火焰温度,改善水泥生产过程的热工系统稳定性,提高煤粉的燃尽率,降低单位水泥熟料的生产能耗。

(3)在水泥生产过程中,采用部分烟气循环技术,通过烟气循环和配风系统与高纯度 O_2 气复配出适宜煤粉燃烧所需的 O_2/CO_2 气氛。

(4)在水泥生产过程中,采用煤粉富氧燃烧技术,降低水泥生产过程中的烟气排放量和系统风量;提高了水泥生料的预热分解过程的热效率,提高了烟气中 CO_2 的浓度。

(5)在水泥生产过程中,采用新型立式多级熟料冷却技术对水泥熟料进行冷却。在保证熟料质量的同时,有效地控制系统风量以维持系统平衡。

(6)采用多级净化压缩液化技术,对高浓度 CO_2 烟气直接进行净化压缩液化,制取液态 CO_2(CO_2 浓度 $\geqslant$ 95%)。

(7)采用管道运输方式将液态 CO_2 输送至油田进行 CO_2 强化采油(EOR)提高石油采收率。

(8)采用先进的 CO_2 混相驱三油技术,进一步提高油田石油采收率,在实现对 CO_2 资源化利用的同时,真正实现能源利用的 CO_2 零排放。

本技术方案主要包括空分氧气制备、水泥熟料煅烧、烟气净化压缩液化、液态 CO_2 运输和 CO_2 强化驱油五个部分。涉及的主要技术有空分制氧技术、新型干法水泥生产技术、煤粉 O_2/CO_2 气氛富氧燃烧技术、烟气多级净化压缩液化技术、CO_2 储运技术和 CO_2–EOR 技术。本方案设计技术面较广，是一种复杂的系统工程。

本方案在尽可能地降低氧气制备、烟气压缩成本的同时，采用富氧燃烧／烟气循环技术提高煤粉的燃尽率、减少烟气，提高烟气 CO_2 浓度，改善热工系统稳定性，提高设备的生产能力，具有很强的技术优势和市场竞争力。该技术方案的顺利开展和实施，对我国在水泥行业实现低碳经济的发展战略目标和减少温室气体排放，以及减少我国石油资源对国际市场的依赖程度有着极其重要的推动作用，具有非常积极的社会效益和经济效益。

6.3　技术可行性分析

6.3.1　空分制氧技术

随着国民经济的飞跃发展和技术进步，工业上对氧的需求与日俱增，应用领域不断扩大。冶金、化工、环保、机械、医药、玻璃等行业都需要大量氧气。制氧技术可按不同的方法进行分类，通常将其划分为水电解法、化学法、空气分离法；采用水电解法制氧，可同时生产纯度很高的氧气和氢气，但是氢气属于易燃易爆气体，较危险，并且耗电量大，每生产 1 m^3 的氧气所消耗的电量约为 12° ～ 15°，不适宜大量产生氧气，因此在实际工业生产上受到局限。采用化学法制氧，由于原料贵重，消耗量大，因此成本很高，并且生产能力小，不能大量产生氧气，不适宜应用于工业化上。而膜分离法所产生的氧气纯度低，只有 40% ～ 50%，并且分离膜制造困难、价格高并且易堵塞，也不适合大型化生产。工业上制氧的方式主要有两种，一种是深冷法，另一种是变压吸附法。

6.3.1.1　深冷制氧技术

（1）深冷法制氧原理。

深冷法是先将空气压缩、冷却，并使空气液化，利用氧、氮组分的沸点的不同（在大气压下氧沸点为 90 K，氮沸点为 77 K），在精馏塔板上使气、液接触，进行质、热交换，高沸点的氧组分不断从蒸汽中冷凝成液体，低沸点的氮组分不断地转入蒸汽之中，使上升的蒸汽中含氮量不断地提高，而下流液体中氧量越来越高，从而使氧、氮分离，这就是空气精馏。此法无论是空气液化或是精馏，都是在 120 K 以下的温度条件下进行的，故又称为低温法空气分离。

（2）深冷法制氧的特点及安全隐患。

深冷法制氧工艺适宜大规模生产，国内最大制氧机在宝钢，其制氧能力可达 72 000 m³/h，国际上最大可达 110 000 m³/h。并且可以制得高纯度的氮气和氧气，O_2 纯度可达 99.6%，N_2 纯度可达 99.999%。同时可副产 N_2、Ar 等气体。深冷法制氧工艺具有上述优点的同时，还具有以下特点。

①深冷法制氧的设备如低温换热器、精馏塔等低温容器及管道要置于保冷箱内，并充填有热导率低的绝热材料，防止从周围传入热量，减少冷损，否则设备无法运行。

②用于制造低温设备的材料，要求在低温下有足够的强度和韧性，以及有良好的焊接、加工性能。常用铝合金、铜合金、不锈钢等材料。

③空气中高沸点的杂质，例如水分、二氧化碳等，应在常温时预先清除，否则会堵塞设备内的通道，使装置无法工作。

④空气中的乙炔和碳氢化合物进入空分塔内，积聚到一定程度，会影响安全运行，甚至发生强烈爆炸事故。因此，必须设置净化设备将其清除。

⑤贮存低温液体的密闭容器。当外界有热量传入时，会有部分低温液体吸热而气化，压力会自动升高。为防止超压，必须设置可靠的安全装置。

⑥低温液体漏入基础，会将基础冻裂，设备倾斜。因此必须保证设备、管道和阀门的密封性，要考虑热胀冷缩可能产生的应力和变形。

⑦被液氧浸渍过的木材、焦炭等多孔有机物质，当接触火源或给以一定的冲击力时，会发生激烈的燃爆。因此，冷箱内不允许有多孔性的有机物质。对液氧的排放，应预先考虑有专门的液氧排放管路和容器，不能走地沟。

⑧低温液体长期冲击碳素钢板，会使钢板脆裂。因此，排放低温液体的管道及排放槽不能采用碳素钢制品。

⑨氮气、氩气是窒息性气体,其液体排放管应引至室外。气体排放管应有一定的排放高度,排放口不能朝向平合楼梯。

⑩氧气是强烈的助燃剂,其排放管不能直接排在不通风的厂房内。

⑪ 液态氧经过长期弱的放电,变成深蓝色的液态臭氧,臭氧容易爆炸。其明显的缺点是空分塔的低温、窒息性气体氮气和氩气、乙炔和碳氢化合物以及液态臭氧发生可能发生强烈爆炸事故等隐患。

6.3.1.2　变压吸附(VPSA)制氧技术

（1）变压吸附制氧原理。

变压吸附空气分离制氧在20世纪70年代初就已有发明,并在工业上应用。相对于深冷法制氧技术来说,变压吸附是较晚发展起来的空分制氧技术。大型变压吸附技术从空气中分离出氧气,其纯度达90%～95%（杂质主要是惰性气体 Ar）,可以满足大部分用氧的要求。

变压吸附空分制氧流程:2 个吸附塔中装有能从空气中选择性地吸附氮气的吸附剂。原料空气经空气过滤器去除机械杂质后,由鼓风机加压经过阀门和管线进入其中一个吸附塔,氮气被吸附剂吸附,氧气流出到产品缓冲罐中,当吸附剂吸附氮接近饱和后,停止通空气,用真空泵抽真空降低吸附塔中压力,使氮解吸,吸附剂再生重复利用。为了提高产品氧的纯度和吸收率并减少能耗,变压吸附空分制氧工艺中,除吸附和解吸步骤外,还加上顺向降压、均压、冲洗、充压等步骤,每个吸附床都经历进气吸附产氧、顺向降压、逆向抽真空解吸、均压、冲洗、原料和产品气充压等步骤,循环操作。用程控阀控制各阀门开关,两塔的步骤在时间上相互错开和配合,2 个吸附塔轮流切换工作,便可连续供氧。由于空气中含有 1% 氩气,目前所用吸附剂无法将氩和氧分开,所得氧气浓度只能达 95%。

（2）变压吸附制氧的特点与安全性能。

相比较于深冷法,VPSA 制氧工艺有以下特点。

①开停车方便:原始开车几十分钟左右可按要求获得合格产品,临时停车后重新启动即可迅速恢复供给合格产品。

②系统简单:设备少,容器设备压力较低,常温操作,投资小。

③自动化程度高:整个吸附分离过程由 PLC 或 DCS 控制,可以实现无人操作,操作人员要求低,普通员工培训上岗即可。

④操作成本较低:主要操作成本为电耗,先进的装置电耗 ≤ 0.4 kW · h/m³（ O₂ ）。

⑤分子筛寿命长：在正常操作情况下一般可使用8～10年，无环境污染。

无论是小型或大型变压吸附制氧装置，其工作在常温或近似常温的条件下，在分子筛吸附水分、二氧化碳的同时气相吸附乙炔及碳氢化合物。虽然不能全部清除，但并不能构成爆炸危险。而且，变压吸附法分离氧气装置是在常温常压下进行，在后续氧气管道和氧气储罐中不可能累积这些爆炸成分，因而变压吸附装置不存在类似深冷制氧的空分塔那样的危险性。

6.3.1.3 深冷法与VPSA制氧技术的对比分析

深冷法空气分离制氧已有近百年的历史，工艺流程不断改进，现代化生产装置使用了分子筛纯化、高效透平、填料塔、内增压等流程和工艺，能耗和基建费用有所降低。PSA制氧装置是近20多年中发展起来并被市场广泛接受的技术，VPSA技术开发时间更短。若在一条2 500 t/d的水泥生产线上应用富氧燃烧/烟气循环技术，所需要的氧气量大约为15 000 Nm³/h，现在比较两套制氧能力均为15 000 Nm³/h的深冷法制氧装置和VPSA制氧装置，综合分析哪种制氧装置应用于2 500 t/d水泥生产线上更加合适且经济。

综合分析包括以下几方面。

（1）工艺流程。

VPSA制氧装置流程简单，设备数量少，主要设备仅鼓风机、吸附塔、储气罐、真空泵和一些阀门，而深冷制氧机流程复杂，主要设备包括空压机、过滤器、膨胀机、精馏塔、净化装置、一组换热器等许多装置。

（2）基建费用。

基建投资包括设备费用、工程材料费用、土建费用、共用工程费用、安装工程费用等部分。经过咨询制氧装置厂家的专业人士，制氧能力为15 000 Nm³/h的深冷法制氧装置的设备投资费用约为5 500万元，VPSA制氧设备投资费用约为4 700万元，而深冷法制氧装置的工程材料费用、土建费用、共用工程费用、安装工程费用均比VPSA制氧装置费用高，这是因为变压吸附装置占地面积只有深冷机组的50%～60%，厂房面积只有40%～45%，并且为单层建筑，建筑和安装材料均为普通材质，建设无特殊要求的缘故。而深冷机厂房系双层建筑，使用的材料和建设均有特殊要求。综合投资费用估算得出深冷法制氧设备总投资费用约为7 100万元，VPSA制氧装置总投资费用约为5 280万元，深冷法制氧装置总投资费用约为 VPSA 制氧装置的 1.34 倍。文献指出深冷法的基建投资约为 VPSA 的 1.50 倍。

（3）经营成本。

制氧机的产品是氧气,消耗的是电能。在经营费用中,电费占车间制氧成本的 50% ～ 60%,其次是折旧费、维修费、人工工资等,因此主要应比较两种方法的耗电量,尤其是制氧部分的电耗。为了衡量制氧机的经济性,通常用生产每 1 m³ 氧气需消耗多少千瓦时电来表示制氧机的能耗。目前,大型、特大型深冷空分装置通常采用全低压流程,能耗较低;而中、小型空分设备则采用带膨胀的中压和高压流程,能耗很高,见表 6.1。单位制氧电耗是随制氧机规格的增大而降低,就产氧量为 2 000 ～ 3 200 m³/h 的中型变压吸附装置来说,制造 1 m³ 纯氧的耗电量为 0.35 ～ 0.40 kW·h;而深冷机为 0.50 ～ 0.65 kW·h。而 15 000 Nm³/h 的制氧规模来说,深冷法制氧装置的制氧单位能耗约为 0.45 kW·h,而 VPSA 制氧装置的单位能耗约为 0.4 kW·h,可见,变压吸附法的电耗确实比深冷法低,再加上折旧费、维修费用均低,用人少等因素,所以,变压吸附的生产成本必然比深冷法的低,一般为后者的 60% ～ 75%。对于 15 000 Nm³/h 的制氧机而言,深冷不生产液体产品时与变压吸附相比工程投资高出约 500 万元,氧气使用费用因不生产液体高出 0.026 8 元 /Nm³O$_2$。若将 Ar 气、N$_2$ 气的回收效益算进去,深冷生产液体产品时与变压吸附相比工程投资高出 1 820 万元,氧气使用费用包括深冷液体销售收入在内基本持平。

表 6.1 不同类型的深冷法制氧技术的压力能耗表

流程压力	流程名称	压力范围 /MPa	能耗 / (kW·h/m³)
高压	林德型	6 ～ 10	1.5 ～ 1.7
中压	克劳特型	1.2 ～ 2.5	0.9 ～ 1.3
高低压	林德 – 弗兰型	15 ～ 0.6	1.6 ～ 0.9
低压	卡皮查型	0.456	0.45 ～ 0.7

（4）技术安全。

深冷制氧机在较高压力和超低温下运行,产出的产品系纯氧,因此在制氧、贮运、灌装等环节容易发生爆炸事故。变压吸附制氧装置基本上在常温常压下运行,生产的产品不是纯氧,其安全性能好得多,迄今还未见到重大伤亡事故的报道,这也是变压吸附法的一大优点。

（5）供氧的连续性。

变压吸附制装置的吸附塔有 2～4 个以上，假如某一个塔出故障，只需将它切断维修，不影响其他塔正常工作。再加上停机启动后只需 0.5 h 即可得到产品气，故障率低、运转周期长等因素，因此可以做到连续供氧。这点对提高冶金炉的产量和产品质量及降低能耗极其有利。

而深冷制氧机只有 1 个空分塔，大部分生产环节都只有 1 台设备，某一环节出故障都将影响供氧，加上重新启动后至少要 36 h 才能得到产品氧，故障率较高等因素，故供氧的连续性显然不如前者。

（6）维修费用。

VPSA 装置本身很简单，运转机器的数量少，近似常温常压下操作，维修保养工作量少，年维护费用约为 25 万元。而制冷装置在低温下运行，运转机器较复杂，所以维修费用及保养时间均比 VPSA 装置多，年维护费用约为 45 万元。

（7）产品用途。

VPSA 法与深冷法比较，其产品气单一，氧气纯度低，仅为 90%～93%。而深冷法可以同时生产出高纯度的氧、氮产品，氧气纯度可以达到 99.6% 以上，氮气纯度可以达到 99.999% 以上。然而在水泥工业采用富氧燃烧技术，VPSA 法得到的氧气浓度已经足够满足工艺要求，并且无须使用纯 N_2，因此，在水泥工业中采用富氧燃烧技术，VPSA 制氧方法较为适宜。

通过上述分析可以看出：深冷分离作为传统的空气分离技术，在高压低温下将空气液化再分馏，得到液态氧和氮，虽然纯度很高，但设备复杂、投资大、能耗高、操作弹性小、开停工时间长，只有制氧规模特别大时，并且需用高纯氧或同时需要纯氧纯氮，或需要液氧和液氮时，使用深冷分离法才经济。从主要的投资总额、运行维护、管理费用考虑，相对于深冷法制氧装置，使用 VPSA 制氧的投资相对较少并且生产的氧气成本也相对较少。应用于 2 500 t/d 水泥生产线的富氧燃烧技术中，所需求的氧纯度不特别高、用氧量不特别大，只要工艺能满足要求，VPSA 制氧机是非常经济的选择。

6.3.2 水泥工业富氧燃烧技术

富氧燃烧是指助燃用的氧化剂中的氧浓度高于空气中的氧浓度（根

据实际情况可采用局部富氧和整体富氧),直至纯氧燃烧。富氧燃烧对所有燃料(包括气体、液体和固体)和工业锅炉均适用,既能提高劣质燃料的应用范围,又能充分发挥优质料的性能,广义上讲凡是用空气参与反应的均可用富氧代替。

6.3.2.1 富氧燃烧技术国内外现状

富氧燃烧作为一种高效的燃烧方式以其良好节能减排效果得到迅速的发展。1937年富氧在底吹转炉炼钢上的成功应用是世界上最早的富氧燃烧,西方发达国家及前苏联早在20世纪70年代末就开始了富氧燃烧用于玻璃窑炉的研究,并取得了良好的效果,随着富氧燃烧在钢铁工业及玻璃工业窑炉得到普遍的应用,它为富氧燃烧在其他工业化应用建立了坚实的基础。

富氧烧作为一种高新的低碳排放燃烧手段,引起世界发达国家的重视。20世纪80年代日本对富氧燃烧的工业化应用进行了深入的研究,并在以气、液、固燃料燃烧的不同炉型进行了富氧应用试验,结果显示富氧燃烧节能减排效果良好;美国是富氧燃烧应用最广泛的国家,美国东芝炼油厂利用25.5%的富氧空气用于催化裂化装置再生工艺,提高了装置处理能力;富氧制硫酸工艺利用23%～30%的富氧空气焙烧硫铁矿,可以缩短焙烧时间,提高转化率;克劳斯法硫回收工艺应用富氧燃烧可以提高装置产量,利用30%的富氧空气助燃可增产18%;化学生产过程中凡是用空气作为氧源的均可用富氧代替普通空气,以提高产品的产量和质量,有关文献认为丙烯酸、丙烯腈、甲醛、三氯乙烯、对苯二甲酸、碳黑等几十种化工产品均可采用富氧生产。

随着全球环境危机的加剧与环保要求的不断提高,目前美国与英国已经广泛应用了富燃烧,并开始进行纯氧燃烧及烟气再循环燃烧的工业性试验,达到零排放的目的,探索改善环境的新路子。

富氧燃烧最近几年在国内发展很迅速。许多院校及科研院所对富氧燃烧进行了积极的探索和应用。随着环保要求的不断提高,能源的日趋紧张以及价格的不断上涨,造成企业的生产成本越来越高,节能降耗和保护环境是每个企业发展的重要问题。水泥生产需要消耗较多的能源和资源,并且原煤的设计有一定的标准,但是由于原煤的标准达不到设计要求,煤炭灰分过高,热值过低,因此燃料在燃烧的过程中存在不完全燃烧,飞灰机械不完全损失大等一系列问题,降低熟料生产质量,影响水泥生产效率和水泥质量。富氧燃烧是解决燃料燃烧不完全最有力的措施,可以促进燃料的完全燃烧,提高整个系统的热效率,提高水泥生产效率和质量。

6.3.2.2 水泥工业富氧燃烧的技术优势

将富氧助燃技术用于水泥窑,其意义在于:富氧燃烧不仅能使燃料的燃烧时间大大缩短,有利于提高燃料的完全燃烧程度,而且还能提高火焰温度和黑度,从而改善窑内的传热条件,使窑的产量提高,热耗下降。这一措施经计算在技术上是可行的;通过初步试验也证明:富氧燃烧对燃料的燃烧速度和燃尽度的提高作用十分明显,为缩短烧成时间,提高煅烧产质量提供了必要保证和可能;我们通过多年的调研和分析后也认为,富氧助燃技术,用于水泥窑的节能减排同样意义重大。

(1)富氧燃烧缩短燃料完全燃烧所需的时间。

随着富氧浓度的提高,煤粉的燃烧时间缩短。如富氧的浓度提高到25%时,煤粉的燃烧时间可缩短16%左右。在空间尺寸不变的情况下,由于煤粉燃尽时间的缩短,煤粉燃尽的程度自然提高,这就减少了煤粉的不完全燃烧所造成的热量损失,达到节能的目的。另外 CO、NO_x 等有害气体生成量也相应减少,有利于环保。

(2)富氧燃烧提高了窑内气流对物料的辐射传热速率。

在水泥回转窑内火焰向物料传热的主要方式是辐射传热,而窑内气流对物料的辐射传热速率又主要取决于气流的温度和气流的黑度,二者越高,辐射传热量就越多,这可以通过富氧燃烧来达到此目的。由于空气中氧气的浓度提高,相应可减少空气量,使得进入燃烧室的 N_2 量下降,火焰的总体积下降(即火焰的体积流量下降)。在燃料的加入量不变的情况下,火焰的温度相应提高,提高的程度主要取决于空气中氧气的浓度。

(3)稳定火焰形状,提高火焰温度。

研究表明火焰形状和长度影响到熟料中 C_3S 矿物的晶粒发育大小和活性,因此,在烧高强优质熟料时,必须调整火焰长度适中,且要求火焰形状稳定。通入富氧以后,燃料燃烧更加稳定,所以火焰的稳定性能得到加强。干法窑窑头火焰温度控制,视窑型大小而异,对于 2 000 t/d 以下的窑型一般控制在 1 650～1 850 ℃,对于大型窑如 5 000 t/d 以上窑型,火焰温度控制在 1 750～1 950℃的较高范围内比较有利,采用高温烧成有利于熟料质量的提高和碱分的充分挥发,可获得低碱熟料。采用富氧燃烧技术,可使燃烧反应更加剧烈,从而提高火焰温度。

（4）加快反应速度，提高升温速率。

优质熟料形成要求在窑内过渡带升温阶段要求快速升温，促进熟料的矿物形成和烧结，通入富氧空气以后，可加快燃烧反应速度，提高回转窑内的升温速率。

（5）促进燃料完全燃烧，稳定窑内煅烧温度。

提高氧浓度可使化学反应更加彻底，缩短了燃料燃尽时间，促进燃料完全燃烧，同时还能稳定窑内的煅烧温度，以保证熟料矿物的烧结。

（6）降低过量空气系数，保持窑内微氧化气氛。

研究表明窑尾废气中氧浓度控制在 $2\%\sim3\%$ 左右较好，即保持微氧化气氛操作，若过剩空气系数控制过低，二次风不足，易导致还原气氛产生，窑内的还原气氛会将熟料中的某些矿物质还原（例如 Fe_2O_3 成分被 CO 还原成 FeO）影响熟料液相成分和黏度，影响熟料烧结，易产生大量黄心熟料，影响到熟料质量的提高。提高氧浓度可降低过量空气系数，同时保持窑内的微氧化氛围，为优质熟料的生产创造条件。

6.3.2.3 烟气循环及煤粉 O_2/CO_2 燃烧技术

常规的煤粉燃烧是用空气作为输送介质将每份送入炉膛内，空气中 21% 的 O_2 与煤中的碳发生化学反应，而其中 79% 的 N_2 不仅不参与燃烧，而且还和 O_2 起反应产生 NO_x，加剧温室效应的进程。于是，人们设想能否用 CO_2 来输送煤粉，用纯氧来参与燃烧，或者把 CO_2 和 O_2 一起将煤粉输送入炉膛进行燃烧，这就是 CO_2/O_2 和煤粉的循环燃烧方式。

CO_2 的来源很简单，不需要单独制备，直接利用烟气进行再循环利用；氧气则由空气分离装置获得，其中 79% 的 N_2 被分离出来另作为他用，21% 纯氧和再循环烟气一起将煤粉送入炉内燃烧，在循环烟气中烟气的 CO_2 浓度不断增加。

（1）烟气中 CO_2 的最高浓度可达 $90\%\sim95\%$，可不必分离就将绝大部分的 CO_2 捕集或直接液化回收处理，少部分烟气再循环与氧气一起按一定比例送入炉膛组织燃烧。

（2）由于烟气的"窒息"作用，是燃烧区缺氧、降温，特别是 N_2 的炉外分离，热力 NO_x 和燃料 NO_x 受到抑制，脱硝率可达 70%。

（3）由于燃烧前在炉外已分离出占空气量 79% 的 N_2，再循环烟气温度又较高，这样，锅炉的排烟量热损失降低，使热效率有所提高。

（4）烟气中 CO_2 液化处理时，可以同时脱除 SO_2，这就有可能不用或少用脱硫设备，喷钙脱硫率可达 90%。

（5）以往常规燃烧中,过量空气确定后燃烧产物的量也相应确定,但是采用 CO_2/O_2 循环燃烧后, CO_2（烟气）的量是可控的,即锅炉尾部烟气流速是可变的,可实现传热的优化进行,合理地分配辐射传热和对流传热份额。

以上分析表明, CO_2/O_2 循环燃烧的确定是一种很有前途的高效低污染燃烧方式,它不仅直接减少收集和利用 CO_2,而且又同时脱硫,脱硝,还提高了锅炉的热效率。

6.3.2.4 富氧燃烧技术对水泥生产过程的影响

富氧燃烧/烟气循环技术应用于水泥窑,可改善煤的燃烧条件,缩短燃烧所需的时间,实现燃料的完全燃烧,同时也可使传热速率大幅度提高,因此有利于水泥生产。此外,采用富氧燃烧,可使废气排放量及 CO、NO_x 等有害气体的产生量下降,有利于节能减排。但富氧空气的引入不可避免地会改变水泥的原有工况条件,因而在操作及设备方面必须作相应的调整,以满足水泥回转窑生产中所要求的火焰及温度场要求。

水泥工业富氧燃烧技术采用循环烟气与高纯度 O_2 进行复配成 O_2 浓度高于 21% 的燃烧气氛进行组织煤粉的燃烧,致使单位水泥熟料生产所需要的系统风量降低,导致水泥生产过程中的系统风量、烟气量、燃煤量、生产能力等各项工艺控制指标发生相应变化。

（1）对煤粉燃烧过程的影响。

燃料着火是由缓慢的氧化状态转变到反应能自动加速到高速燃烧状态的瞬间过程,相对应的温度称为着火温度,它反映了煤粉着火的难易程度。燃尽温度是煤粉基本燃尽时的温度,燃尽温度越低,表明燃尽时间越短,煤粉就越容易燃尽,残炭中的可燃剩余量就越少。随着 O_2 浓度的增加,煤粉燃烧的着火温度 T_i 和燃尽温度 T_h 均呈下降趋势,因此可以说明,富氧可使煤粉的着火提前并燃烧充分。随着 O_2 浓度的增加,煤粉着火时刻的燃烧速度增加较快,因此,在 O_2 浓度较低时,增加 O_2 浓度会使煤粉的燃烧强度得到加强,提高煤粉的着火速度。

在煤粉燃烧过程中,增加气氛中 O_2 浓度可以有效地提高火焰温度,又因为煤粉的着火温度、燃尽温度都随着 O_2 浓度的增加而逐渐降低,所以在富氧气氛中煤粉的燃烧反应更易进行,可以有效提高火焰的燃烧温度,从而加快了火焰的传播速度,增强火焰稳定性;强化炉内传热提高 O_2 浓度可使化学反应更加彻底,缩短了燃料燃尽时间,促进燃料完全燃烧,减少了不完全燃烧所造成的热量损失,达到节能的目的。O_2/N_2 燃烧气氛中,

O_2浓度由21%提高至25%时,煤粉的燃烧时间可缩短16%,由于燃料的燃烧工况得到了良好的改善,提高了炉膛温度,同时强化了物料与气流的热传递,使得水泥生产过程中的系统热工制度更加稳定。

（2）对系统风量的影响。

水泥工业富氧燃烧技术采用O_2浓度大于21%的O_2/CO_2气氛组织煤粉的燃烧,由于O_2浓度的提高,所以单位煤粉燃烧所需要的供风量减少,燃烧后系统汇总管烟气的烟气量、经部分循环后去净化压缩工段的烟气量也发生了相应的变化。以生产规模2 500 t/d的水泥熟料生产装置为例,水泥工业富氧燃烧技术以后,不同O_2浓度和漏风系数对系统供风量、汇总管烟气量、烟气量的影响关系分别如表6.2、表6.3和表6.4所示。

由表6.2可以发现,在水泥生产过程中产能保持不变的情况下,随着O_2浓度的增加,煤粉燃烧所需要的风量将逐渐降低,当煤粉助燃气氛中的O_2浓度由当O_2浓度达到30%时的系统供风量降低至21%时的56.6%～57.7%,并且随着系统漏风系数的降低,这种变化趋势将越明显。

表6.2　O_2浓度和漏风系数对系统供风量的影响关系

漏风系数	21%/Nm³/s	23%/Nm³/s	25%/Nm³/s	27%/Nm³/s	30%/Nm³/s
1%	23.77	20.54	18.04	16.04	13.72
3%	23.41	20.22	17.75	15.78	13.48
5%	23.08	19.92	17.46	15.51	13.23
7%	22.77	19.62	17.18	15.25	12.99
10%	22.32	19.18	16.77	14.85	12.63

系统供风量的降低,将改善燃料的燃烧工况,有利于火焰温度和炉膛温度的提高,同时强化物料与气流的热传递,对水泥工业生产系统的热工稳定性提高将起到积极的促进作用。

在水泥生产过程中产能保持不变的情况下,随着O_2浓度的增加,汇总管烟气量将逐渐降低,漏风系数的增加,也将导致汇总管烟气量增加。由表6.3可知,对于2 500 t/d的富氧燃烧/烟气循环技术的水泥生产线而言,当漏风系数为3%,氧气过剩系数为1.05,O_2浓度由21%升高至30%时,汇总管烟气量由36.90 Nm³/s降低为25.31 Nm³/s,降为原来的68.6%,这种变化趋势将随着漏风系数的增加变得越来越明显。

表 6.3 O_2 浓度和漏风系数对系统风量的影响关系

漏风系数	常规燃烧 /Nm³/s	21% /Nm³/s	23% /Nm³/s	25% /Nm³/s	27% /Nm³/s	30% /Nm³/s
1%	33.85	34.94	31.49	28.83	26.70	24.22
3%	35.88	36.90	33.18	30.29	27.99	25.31
5%	37.95	38.92	34.90	31.78	29.30	26.41
7%	40.06	40.99	36.65	33.29	30.62	27.51
10%	43.32	44.20	39.34	35.59	32.62	29.18

汇总管烟气量的降低,增加了预热器的 s/g 比,提高了水泥工业悬浮预热预分解系统的换热效率,提高了水泥生料出预热器的物料温度和分解率,降低了汇总管烟气的风温。可以有效提高水泥工业悬浮预热预分解系统的热传递效率,降低了由烟气排放所引起的热量损失。

水泥工业采用富氧燃烧/烟气循环技术以后,出烟气汇总管的烟气一部分经烟气循环系统至配风系统与来自空分制氧系统的高纯度配风,配成一定 O_2 浓度的 O_2/CO_2 气氛,经与水泥熟料换热升温后进行组织煤粉的燃烧;其余烟气经净化压缩后进行液化处理。随着 O_2 浓度的增加,出水泥生产系统的烟气量随着 O_2 浓度的增加逐渐减少。

由表 6.4 可知,对于 2 500 t/d 的富氧燃烧/烟气循环技术的水泥生产线而言,当漏风系数为 3%, O_2 浓度由 21% 升高至 30% 时,烟气量由 18.30 Nm³/s 降低为 15.97 Nm³/s,降为原来的 87.3%,该变化趋势随漏风系数的增加越来越明显。

表 6.4 O_2 浓度和漏风系数对烟气量的影响关系

漏风系数	21%/Nm³/s	23%/Nm³/s	25%/Nm³/s	27%/Nm³/s	30%/Nm³/s
1%	16.27	15.81	15.45	15.15	14.79
3%	18.30	17.57	16.99	16.53	15.97
5%	20.38	19.37	18.57	17.92	15.13
7%	22.53	21.21	20.18	19.35	18.36
10%	25.87	24.06	22.65	21.52	20.19

烟气量的降低,可提高烟气中 CO_2 的浓度,降低了净化压缩工段的气体处理量,提高了烟气中杂质气体的净化效率和 CO_2 气体的分离效率。

随着烟气量的逐渐降低,可有效提高烟气净化压缩设备的生产效率,降低烟气中 CO_2 的液化成本。

提高了水泥工业悬浮预热预分解系统的换热效率,提高了水泥生料出预热器的物料温度和分解率,降低了汇总管烟气的风温。可以有效提高水泥工业悬浮预热预分解系统的热传递效率,降低由烟气排放所引起的热量损失。

6.3.2.5　对烟气中 CO_2 浓度的影响

水泥工业采用富氧燃烧/烟气循环技术,由于煤粉燃烧气氛中 O_2 浓度大于 21%,致使烟气量明显降低;同时将一部分烟气循环至配风系统与高纯度 O_2 实现配风,配成 O_2/CO_2 气氛来组织水泥工业分解炉和回转窑处煤粉的燃烧;使烟气组分与传统工艺所排放的烟气组分发生了明显变化,烟气排放量也明显降低。表 6.5 为以生产规模 2 500 t/d 的水泥熟料生产装置为计算案例,在不同的系统漏风系数和 O_2 浓度下,水泥工业采用富氧燃烧/烟气再循环技术时烟气中 CO_2 浓度。

表 6.5　O_2 浓度和漏风系数对烟气中 CO_2 浓度的影响关系

漏风系数	常规燃烧/%	21%/%	23%/%	25%/%	27%/%	30%/%
1%	35.70	82.63	82.92	83.14	83.26	83.29
3%	33.79	72.46	73.72	74.72	75.61	76.57
5%	32.06	64.38	66.26	67.85	69.18	70.79
7%	30.48	57.81	60.12	62.03	63.71	65.80
10%	28.34	50.00	52.63	54.91	56.91	59.47

当系统的漏风系数一定时,采用富氧燃烧/烟气循环技术以后,当系统漏风系数为 3%,燃烧气氛中 O_2 浓度由 21% 提高到 30% 时,烟气中 CO_2 浓度越来越高,相对于传统工艺而言,烟气中 CO_2 浓度提高了 114.4%～126.6%;当燃烧气氛中 O_2 浓度为 25%,系统漏风系数由 1% 增加至 10% 时,烟气中 CO_2 浓度提高了 93.8%～132.9%,并且这种变化趋势随着系统漏风系数的减小就越明显。

综上所述,就水泥工业富氧燃烧/烟气再循环技术而言,可有效提高烟气中 CO_2 的浓度,这将对降低烟气中 CO_2 的捕集成本非常有利。为了

更好的提高烟气中 CO_2 的浓度，在控制过程中将尽量提高 O_2/CO_2 气氛中的 O_2 浓度，在水泥工业富氧燃烧工艺设计和设备设计、加工过程中，应尽量降低系统的漏风系数。

6.3.2.6 对单位能耗的影响

水泥工业富氧燃烧／烟气在循环技术的应用，有效提高了 O_2/CO_2 气氛中 O_2 浓度，使煤粉的着火温度和燃尽温度降低，提高了火焰温度，提高了煤粉的燃尽率，从而可以有效地节约单位水泥熟料的煤粉消耗量。同时由于煤粉燃烧气氛中 O_2 浓度高于 21%，使富氧燃烧工况下的系统风量较传统工艺小，提高了水泥工艺中悬浮预热分解系统的换热效率，使烟气汇总管的烟气温度较低，减少了由于烟气排放造成的热量损失，也降低了单位水泥熟料的煤粉消耗量。

表 6.6 列出了水泥工业在采用富氧燃烧／烟气再环技术条件下不同 O_2 浓度和漏风系数情况下，单位 t 熟料的煤耗变化变化情况，在系统漏风一定时，随着 O_2 浓度的增加，单位 t 熟料的煤耗逐渐降低，当系统漏风系数为 3%，O_2 浓度为 30% 时，单位熟料的煤耗为 96.53 kg/t.cl，与传统工艺的 115.40 kg/t.cl 相比，每吨熟料节约用煤 18.87 kg，节能效果明显。

表 6.6 O_2 浓度和漏风系数对单位煤耗的影响关系

漏风系数	常规燃烧 /kg/t.cl	21% / kg/t.cl	23% / kg/t.cl	25% / kg/t.cl	27% / kg/t.cl	30% / kg/t.cl
1%	114.22	119.20	112.24	106.62	101.95	96.33
3%	115.40	119.80	112.73	107.02	102.24	96.53
5%	116.60	120.50	113.33	107.42	102.54	96.73
7%	117.80	121.40	113.93	107.91	102.93	96.92
10%	119.70	122.80	115.02	108.70	103.52	97.31

6.3.2.7 对生产能力的影响

水泥工业采用富氧燃烧／烟气循环技术，由于煤粉燃烧气氛中 O_2 浓度大于 21%，致使系统中的风量发生了明显变化。根据新型干法水泥生产技术的技术要求，系统内部必须保持一定的系统风量，以保证系统内热风与物料之间的换热过程。所以为了维持系统的稳定性，需提高系统的煤粉量和生料投料量以维持系统风量稳定和热量平衡。以 2 500 t/d 水泥生产线作为分析案例,分析比较分别采用常规生产技术和采用富氧燃烧/烟气循环生产技术的条件下,相同规格的水泥生产线的生产能耗变化情况。

从表 6.3 可以看出,在设备规格水泥生产线上,采用富氧燃烧/烟气循环技术以后,系统风量随着 O_2 浓度的增加逐渐降低。为了维持系统风量稳定,需同时提高燃煤量和水泥生料的投料量,以保证系统风量稳定和热量平衡,需提高生料投料量,可有效提高生产设备的生产能力。就我国的水泥工业生产和设备加工技术水平而言,水泥工业生产系统的漏风系数为 3% 左右,对于 2 500 t/d 水泥生产装置,采用富氧燃烧/烟气循环技术后,其生产能力可以提到原来的 1.3 倍左右,如采用 O_2 浓度 30% 的 O_2/CO_2 气氛组织煤粉燃烧,其熟料产量可提高到原来的 1.42 倍,高达 3 550 t/d,每天可节约燃煤 67 t。

综上所述,水泥工业采用富氧燃烧技术,可降低系统烟气量和煤粉量,提高烟气中 CO_2 浓度和设备产能。以 2 500 t/d 水泥生产系统,采用 O_2 浓度为 30% O_2/CO_2 气氛组织煤粉燃烧,当系统漏风系数为 3%,氧气过剩系数为 1.05 时,系统的水泥熟料产量可提高到 3 550 t/d;每天可节约煤粉 67 t;系统烟气排放量 196×10^4 Nm³/a,减少了 55.5%;烟气中 CO_2 浓度为 76.57% 时,提高了 126.6 倍。

6.3.3　烟气中 CO_2 液化技术

6.3.3.1　主要 CO_2 液化技术

到目前为止,可以用于 CO_2 分离回收的主要技术有吸收技术(包括化学吸收法和物理吸收法),吸附技术,膜分离技术和低温相变分离技术。

(1)吸收技术。

吸收法是目前已获得成熟应用经验的一种 CO_2 回收技术,主要包括化学吸收法(利用 CO_2 与吸收剂反应)和物理吸收法(利用 CO_2 在吸收剂中的溶解)。化学吸收法是使烟气和化学溶剂在吸收塔内发生化学反应,二氧化碳进入溶剂形成富液,富液进入脱吸塔通过加热分解出二氧化碳,吸收与脱出交替进行,从而实现二氧化碳的分离回收。目前工业中广泛采用热碳酸钾法和醇胺法这两种化学吸收法,热碳酸钾法包括苯菲尔德法、卡苏尔法、坤碱法等,以乙醇胺类作吸收剂的方法有 MEA 法(–乙醇胺)、DEA 法(二乙醇胺)及 MDEA（N–甲基二乙醇胺）法等,物理吸收法的原理是通过交替改变二氧化碳和吸收剂(通常是有机溶剂)之间的操作压力和操作温度以实现二氧化碳的吸收与解吸,从而达到分离处理二氧化碳的目的,物理吸收法中常用的吸收剂有甲醇、乙醇、聚乙二醇二甲醚等高沸点有机溶剂,目前工业上常用的物理吸收法有低温甲醇法（Rectisol 法）、聚乙二醇二甲醚法（Selexol 法）、碳酸丙烯酸酯（Fluor 法）等。

其中,化学吸收法对待分离气体中 CO_2 的浓度和 CO_2 的分压没有要求,且分离出的 CO_2 气纯度高而且处理量大,但化学吸收法比较复杂,流体需要周期性升温、降温,并且溶剂再生必须消耗大量的外供热能,因而化学吸收法的分离能耗很高。而物理吸收法在整个吸收过程中不发生化学反应,主现 CO_2 解吸与吸收剂再生,因而消耗的能量(主要用于吸收剂的压缩泵)要比化学吸收法少。但物理吸收法仅适用于 CO_2 分压较高的情况。

（2）吸附技术。

吸附分离技术是利用气体与吸附剂面上活性点之间的分子间引力,将欲分离的气体分子吸附在固体表面上来实现气体分离。吸附分离中利用吸附量随压力变化而使某种气体分离回收的称为变压吸附法（PSA）,利用吸附量随温度变化而分离回收的称为变温吸附法（TSA）,二者结合在一起的为 PTSA 法。用于 CO_2 回收的吸附剂一般为一些特殊的固体材料,如:沸石、活性碳,分子筛,氧化铝凝胶等、需要注意的是,吸附技术受吸附容量的限制,其规模通常较小。

（3）膜分离技术。

膜分离法是利用某些聚合材料制成的薄膜对不同气体的渗透率的不同来分离气体的。当膜两边存在压差时,渗透率高的气体组分透过薄膜,形成渗透气流,渗透率低的气体则绝大部分在薄膜进气侧形成残留气流,两股气流分别引出从而达到分离的目的。

膜分离法被认为是一种低能耗、操作简单的 CO_2 分离方法,但膜分离技术尚不能大规模用于回收 CO_2,这是由于膜在材料、性能及经济性等方面的表现,其发展受到了限制。

（4）低温相变分离技术。

低温相变分离法(又称为深冷分离法)是通过低温冷凝分离 CO_2 的一种物理过程。一般是将混合气压缩和冷却,以引起 CO_2 的相变,达到从混合气中分离 CO_2 的目的;在 CO_2 浓度较低时,CO_2 液化温度一般都比较低,甚至会降至 –100℃以下,这使得深冷分离过程的制冷能耗非常大,所以低

温相变分离技术在 CO_2 分压较高时才具有一定的技术优势。

对于采用纯氧燃烧的 O_2/CO_2 循环,理论上其燃烧产物的 CO_2 浓度可达 95% 以上,但实际运行的实验和示范装置中其燃烧产物的 CO_2 浓度普遍在 80%～85%,甚至更低,其中的杂质气体主要是氮气、氩气和氧气,还包括少量的 SO_x、NO_x 等。由于诸多工程因素的限制,这一浓度下的 CO_2 是无法直接压缩、输送和埋存的,必须经过提纯、压缩/液化,一般而言,需要 CO_2 浓度达到 95% 以上才能进行运输与埋存。因此,对于采用纯氧燃烧的技术路线来分离 CO_2 而言,也存在着高浓度下 CO_2 的分离提纯与压缩回收的环节。

随着烟气中 CO_2 浓度的进一步提高,其 CO_2 理论分离功耗也将继续降低;因此,对应地 CO_2 分离能耗应该进一步降低。但实际上,当烟气中的 CO_2 浓度由燃烧前的约 30% 进一步提高时,传统的物理吸收分离法的单位 CO_2 分离能耗却没有明显的降低。当混合气中 CO_2 浓度进一步提高时,传统的物理吸收分离法已不能充分发挥浓度上升带来的优势,因此有必要开拓适合于高浓度下低能耗的 CO_2 分离回收新方法。

对于纯氧燃烧分离回收 CO_2 而言,由于其实际燃烧产物的 CO_2 浓度仅有 80%～85%,需要进一步分离提纯过程。但由于富氧燃烧为了制取纯氧、组织纯氧燃烧已经付出了巨大的能耗,如果再耗费巨大能耗通过传统的分离方法来进行 CO_2 分离提纯显然是不可接受的。因此高浓度 CO_2 混合气情况下的低能耗分离方法对于确保纯氧燃烧技术路线的可行性而言至关重要。

6.3.3.2　CO_2 深冷冷冻分离法

新型干法水泥生产工艺中采用富氧燃烧/烟气再循环技术后,烟气中主要气组分如表 6.7 所示。从表 6.7 可以发现,水泥工业采用富氧燃烧/烟气再循环技术后,烟气中的 CO_2 浓度高达 76.57%;N_2 浓度为 12.44%;水分含量为 8.86%,烟气中 CO_2 浓度和水分含量比传统工艺大幅度提高,N_2 含量明显降低。同时烟气中还含有少量的 O_2、CO、NO_x、SO_x 和粉尘等杂质。

表 6.7　烟气中主要气体组分和浓度

组分	CO_2	N_2	O_2	H_2O	其他
浓度	76.57%	12.44%	1.96%	8.86%	0.17%

表 6.8 为常见气体的临界温度和临界压力，CO_2 的临界温度要远远高于其他气体组分的临界温度，这表明，烟气中 CO_2 比其他气体（H_2O 除外，临界温度 374.15℃，临界压力 22.12 MPa）更易液化。随着压力的增加，各组分的临界温度都有所升高，CO_2 的液化温度在 31.4℃ ～ 40℃；而其他气体组分（H_2O 除外）的液化温度大多在 −188℃ 以下。

表 6.8　常见气体的临界温度和临界压力

项目	临界压力 /MPa	临界温度 /℃
H_2O	22.12	374.15
CO_2	7.38	31.1
O_2	5.04	−118.6
N_2	3.40	−147.0
Ar	4.86	−122.5
CO	3.45	−140.2
H_2	1.66	−234.8

基于以上原因，本方案中选用深冷冷冻分离法，利用 CO_2 混合气体在低温下的相变特性，基于气相变机理与能量梯级利用原理，可利用多级压缩与低温冷能分离的方式将 CO_2 进行液化而分离，避免低压低温而造成的冰封与冷量巨大消耗及高压常温液化消耗大量的压缩功。

气体分离的手段主要是通过 CO_2 的降温相变来实现的，而分离液化 CO_2 过程中需要消耗大量冷量，因此为系统提供冷能的制冷系统循环至关重要。所需要的制冷量约为 13.3 MW，制冷温度为 −25 ～ −35℃，且本地有 200℃ 的尾气余热，故本系统应用氨吸收式制冷循环为液化 CO_2 提供相应的冷量减少外驱动动力装置。

6.3.3.3　工艺流程

由水泥厂排出的含有多组分的工业原料气（200℃ 1.2 bar）依次脱硫塔、脱氧塔，脱除 100 ppm 以下的硫化物并去除氧，经过吸附干燥器及过滤器，脱除水分和其他杂质，进入低温分离部分，依次进入串级压缩机，压缩到合适的压力，进入冷却器，与分离后的液体 CO_2 换热至一定的温度，液体 CO_2 将冷能返回系统，进入低温换热器利用冷源将混合气冷却到该 CO_2 压力下对应的饱和温度后，部分 CO_2 冷凝成液体，利用分离器将凝液分离,经过泵升压回到冷却器 A,如分离出来的混合气尚未达到要求,进入后级分离系统进行分离。CO_2 冷凝液储存在 CO_2 储罐中,分离后达到要求的气体排出。

6.3.4　液态 CO_2 储运技术

把捕集到的 CO_2 输送到利用或者封存地点,需要根据系统的具体条件要求、输送量等选择适当的运输方式。目前,对 CO_2 运输的工程实践还处于初步阶段,尽管已经有了少量的管道、轮船、罐车运输经验,但是在系统优化、风险控制等方面还需要进一步研究。此外,在设计、操作方面还缺少成熟的规程。不过,CO_2 的运输完全可以借鉴目前石油、天然气、液化石油气和液化天然气的运输方式和设计、操作经验。

CO_2 的运输状态可以是气态、超临界状态、液态、固态,但是从大规模运输的可行性来看,流体态(气态、超临界和液态)CO_2 便于大规模运输,管道运输通畅采用超临界状态。目前已经实践过的 CO_2 运输方式主要有管道运输、轮船运输和罐车运输。这三种运输方式适合不同的运输场合与条件,管道运输适合大容量、长距离、负荷稳定的定向输送。轮船适合大容量、超远距离、靠近海洋或江河的运输。罐车运输适用于中短距离、小容量的运输,其运输相对灵活。

6.3.4.1　罐车运输

采用罐车对 CO_2 进行运输已经成熟,我国具备了制造该类罐车和相关附属设备的技术能力。罐车即可以采用卡车运输,也可以采用火车运输,从技术层面上来讲,二者区别不大,只不过可能适合不同的运输规模与运输特点。

公路罐车运输中,液态 CO_2 储存在低温绝热冷冻槽的液罐中。液罐货车内 CO_2 的储存条件可以根据具体情况来考虑,通常可以为(1.7 MPa, −30℃)或(2.08 MPa, −18℃)。目前,罐车的容量有 2 t、5 t、10 t、15 t 直至 50 t 等。卡车输送具有灵活、适应性强和方便等优点,但是与管道输送相比,其成本要高得多。它对于小容量的输送较为适合。需要说明的是,卡车输送途中同样存在 CO_2 的蒸发问题,依据车内储藏时间的不同,该蒸发量可以高达 10%。

铁路罐车输送适用于大容量、长距离的 CO_2 的输送。但是铁路输送除了需要考虑现有的铁路条件外，还需要考虑 CO_2 的灌装、卸除和临时储存等基础实施的条件，如果这些条件不具备，其运输成本同样会很高。铁路运输通常采用特制的罐车，途中液态 CO_2 的压力通常在 26 MPa 左右。

罐车运输最大的特点是运输方式相对灵活，但其运输量较小，只能间断性地提供 CO_2，适合向对连续性要求不高的用户提供 CO_2，对于需要连续消耗 CO_2 的用户，这种运输方式必须同大型 CO_2 储存设施结合。罐车运输的成本相对较高，这主要有两方面的原因：一方面，罐车的运量较小，导致单位运量的固定投资较大；另一方面，罐车的单位运量耗能较大，运行费用较高。据公开的数据，铁路罐车 CO_2 的运输成本约为 0.2 元（t.km），公路运输成本更高，约为 1 元（t.km）。因此，罐车可以用于小型示范项目，合适的运输规模为 10 万 ~ 20 万 t/a，当需要运输的规模超过 100 万 t/a 时候，其运输成本会难以承受。

罐车运输目前已经广泛应用在食品级 CO_2 的运输方面，由于食品级 CO_2 的运输量很小，此外，在江苏油田、大港油田进行的 CO_2 驱油试验中，也采用公路罐车运输。在小型的吞吐法驱油试验中，每口井需要注入数百吨的 CO_2，因此适宜采用罐车运输。

6.3.4.2 船舶运输

在海洋中进行 CO_2 强化石油开采或者封存 CO_2 时，CO_2 的运输方式有两种，可以采用海底管道运输，也可以采用轮船运输。相对于管道运输而言，轮船具有运输方向灵活、运输距离超远的优点。因此，未来海上油田 EOR 或者在海底地质层封存 CO_2 时，船舶运输是一种较有竞争力的选择。

目前已有小型的 CO_2 运输船舶，但还没有大型的适合 CO_2 运输的船舶，挪威、日本等国正在设计用于运输 CO_2 的大型船舶。船舶运输同罐车运输一样，常用于运输高压、低温液态 CO_2，采用船舶运输也必须考虑 CO_2 的蒸发与泄露，在长距离运输时，这种蒸发和泄露所造成的损失可高达 3% ~ 49% /1 000 km。

轮船运输的成本同管道运输相当，因海底管道施工难度大、造价较高，甚至低于海底管道。对于距离超过 1 000 km 的运输，轮船运输的成本会低于管道运输。远距离、大规模（1 000 km 以上，100 万 t/a 以上）CO_2 运输，如果 CO_2 排放源与封存地有水路相通的话，适宜于采用船舶运输，此时运输成本在 0.1 元 /（t.km）以下。

6.3.4.3 管道运输

CO_2 管道输送,类似于天然气和原油的管道输送。对于大规模、长距离的 CO_2 输送,管道输送是目前最经济合理的方法。

在所有的 CO_2 运输方式中,管道运输是目前应用最广泛的大规模运输方式。据 2002 年英国贸工部统计,当年全球已有约 2 600 km 的 CO_2 输送管道正在运行,今年来又新建了 1 600 km,总的 CO_2 运输量 5 000 万~7 000 万 t/a。这些管道输送的 CO_2 主要用于强化石油开采(EOR)。部分管道的主要参数见表 6.9。

表 6.9 世界上正在运行的部分 CO_2 运输管道

管道名称	地点	业主	容量 (×10⁶t/a)	长度 (km)	运行 年份	CO_2 来源
Cortez	美国	Kinder Morgan	19.3	808	1984	天然气田
Sheep Mountain	美国	BP Amoco	9.5	660	--	天然气田
Bravo	美国	BP Amoco	7.3	350	1984	天然气田
Canyon Reef Carrlers	美国	Kinder Morgan	5.2	225	1972	气化厂
Val Verde	美国	Petrosource	2.5	130	1998	炼厂
Batl Raman	土耳其	Tukish Petroleum	1.1	90	1983	天然气田
Weyburn	美国 / 加拿大	North Dakota Gasification CO.	5	328	2000	气化厂
总计			49.9	2 591		

采用管道输送时必须考虑途中的摩擦损耗。为了保证在输送过程中 CO_2 始终处于超临界状态,避免出现两相流等复杂流动现象,一般要求管道内 CO_2 的压力在 8 MPa 以上,为此,要么提高输入口的压力(通常在 10.3 MPa 以上),要么在中途安装升压站来弥补途中的压力损失,具体的压力参数设计和增压站的分布要根据管道的尺寸、表面粗糙度和输送距离等进行具体研究。

为了保证管道运输的安全可靠,尽量延长管道的使用寿命,对于进入管道的 CO_2 的纯净度有一定的要求。不同国家或者企业,对管道运输的 CO_2 成分有不同的规定,一般来说,应满足以下要求。

（1）CO_2 的体积分数应该大于 95%。

（2）不含自由水，水蒸气的含量低于 0.48 g/m^3（气态）。

（3）H_2S 质量分数小于 1 500 ppm，全硫质量分数小于 1 450 ppm。

（4）温度小于 48.9℃。

（5）氮气体积分数小于 4%。

（6）氧气质量分数小于 10 ppm。

参照国外相关 CO_2 管道建设的相关经验，结合我国的实际国情，并考虑人民币的汇率和国内成本较低等因素，我国 CO_2 管道运输的成本为：

$$Cost'_{pipe}=2.340 \times Dist^{0.483}$$

式中：$Cost'_{pipe}$ 为单位质量 CO_2 的管道运输成本，元 $/tCO_2$；$Dist$ 为管道的运输距离，km。

运输距离越远，则每公里的运输成本将越低。我国大多数区域离油田等可能进行 CO_2 封存的地点间的直线距离在 500 km 以内，考虑实际情况，考察 200～500 km 的运输距离，则 CO_2 的运输成本为 30.24～47.08 元 /t，折合成每公里的运输成本为 0.151～0.094 元（t.km）。目前，西方国家在管道运输方面的技术已很成熟，2008 年，美国约有 5 800 km 的 CO_2 管道，这些管道多用于将 CO_2 运输至油田，注入地下油层以提高石油采收率。但大规模应用的关键依旧在于运输成本的控制，管道运输的成本主要取决于运输的距离和管道直径。

6.3.4.4　各种运输方式的适用性

根据公路罐车、铁路罐车、管道和轮船运输 CO_2 的成本范围，从表 6.10 可以看出，管道和轮船的 CO_2 运输成本较低，且随着 CO_2 运输规模的增大，其成本能够进一步降低。但是，对于小规模的 CO_2 运输，公路罐车运输相对灵活，固定投资成本较小，也是经常采用的一种方法。总之，公路罐车适合小规模（10 万 t/a 以下）、近距离、目的地较分散的场合。铁路罐车适合较大规模（10 万～100 万 t/a）、较远距离的运输。但是对于大规模（$\times 10^6$t/a 量级以上）、远距离运输目的地稳定的场合，公路运输的经济性会比较好。当然，对于未来海洋封存，轮船运输和管道运输一样具有成本优势。由于水泥生产企业每年的 CO_2 排放量大多在百万吨以上（5 000 t/d 水泥生产装置每年可捕集的 CO_2 约为 150 万 t），且进行大规模封存或驱油时，其封存地点相对稳定，且适宜采用管道运输。

表 6.10　各种 CO_2 运输方式的适用性

运输方式	适用规模	成本	适用领域
公路罐车	<10 万 t/a	1.0 元（t·km）	目的地不固定的食品级或小型示范项目 CO_2 运输
铁路罐车	10～100 万 t/a	0.2 元（t·km）	目的地相对固定的食品级或小型示范项目 CO_2 运输
轮船运输	>100 万 t/a	<0.1 元（t·km）	水路畅通的油田 EOR 或海上 CO_2 封存地
管道运输	>100 万 t/a	0.1 元（t·km）	目的地相对固定的油田 EOR 或 CO_2 封存地

6.3.4.5　CO_2 运输与厂址的选择

CO_2 运输的成本是运输距离、运输规模、用户需要等多种因素的函数，需要根据具体情况来选择适当的运输方式。运输方式不仅对 CO_2 的运输成本产生影响，还对 CO_2 的压力、纯度、利用方式等有特殊要求，从而间接影响到 CO_2 捕集和封存成本，并最终影响到整个工程项目的经济性。

对于现有水泥企业，需要考虑运输距离和目的地的要求选择运输方式，但总体而言，因厂址已经选定，运输对其经济性影响不大，可选范围也相对有限。对于新建水泥生产线，必须同时考虑煤炭运输、原料运输、CO_2 运输要求。因此，如果未来水泥工业要捕集与封存 CO_2，对于新建水泥生产线时，需要平衡煤炭运输与 CO_2 运输的经济性，进行最优化，从而确定新建水泥厂的厂址。

6.3.5　CO_2 强化驱油（EOR）技术

6.3.5.1　CO_2 地质封存技术

CO_2 地质封存技术包括地质封存、海洋封存和矿石封存等方式。对 CO_2 进行永久性封存，就目前世界现有的封存技术而言，地质封存被认为是最成熟、也是最可行的 CO_2 封存方式（如表 6.11 所示）。地质封存主要

CO_2EOR 技术、枯竭油田封存技术、地下盐水层封存技术和 CO_2ECBM 技术,国外对陆上、海底咸水层封存项目进行了长达十多年的连续运行和安全监测,年埋存量达到百万吨,我国仅有 10 万吨级陆上咸水层封存的工程示范。

表 6.11 各种 CO_2 封存技术所处发展阶段

封存方式	封存技术	研究阶段	示范阶段	一定条件下可行	成熟市场
地质封存	CO_2EOR				√
	天然气或石油层			√	
	盐水层			√	
	CO_2ECBM		√		
海洋封存	直接注入（溶解型）	√			
	直接注入（湖泊型）	√			
矿石封存	天然硅酸盐矿石	√			
	废弃物料		√		

地质封存就是将 CO_2 存放在地下底层的自然空隙中,是目前最经济、最可靠的实用技术。CO_2 的地质埋存具有如下几点优势:

（1）自然界中 CO_2 气藏的存在证实了 CO_2 可以在地下长时间存储。

（2）油气田开发中已经积累了 CO_2 埋存的专业技术经验。

（3）利用 CO_2EOR 和 ECBM 已经通过实验获得了经济效益。

（4）只要选址得当,可以在地下存储大量的 CO_2。

（5）可以利用天然气勘探的成熟理论、经验、技术和设备。

6.3.5.2 CO_2 强化驱油(EOR)技术

在原油生产的第一阶段(一次采油),一般是利用天然能量进行开采,其最终采收率一般只能达到 15% 左右。当天然能量衰竭时,通过向油层注水补充能量,即原油开采的第二阶段(二次采油),最终采收率通常为 30% ～ 40%。当该油田的油水比接近作业的经济极限时,即产出油的价值与水处理及其注入费用相差很小时,则进入了三次采油阶段,这个阶段被称为“提高原油采收率”或“强化开采”。目前人类对油气层的开采率只能达到 30% ～ 40%,随着技术进步,存在着将剩余的 60% ～ 70% 的油气资源开采出来的可能性,因而提高采收率方法,目前备受国内外重视,也是中国优先发展的技术方向。

通过利用现有油气田封存 CO_2 被认为是未来的主流方向,向油田注入 CO_2 等气体来提高油田采收率(EOR,也可称为强化驱油开采),是三次采油技术中的一种。这项技术被称为 CO_2 强化采油技术,该技术的应用和实施既可以提高采收率,又实现了碳封存,兼顾了 CO_2 封存过程中的经济效益和环境效益。

6.3.5.3　EOR 技术的基本理论

在二次采油结束时,由于毛细作用,不少原油残留在岩石缝隙间,而不能流向生产井,不论用水或烃类气体驱油都是一种非均相驱,油与水(或气体)均不能相溶形成一相,而是在两相之间形成界面。必须具有足够大的驱动力才能将原油从岩石缝隙间挤出,否则一部分原油就停留下来。如果能注入一种同油相混溶的物质,即与原油形成均匀的一相,空隙中滞留油的毛细作用力就会降低和消失,原油就能被驱向生产井。设法提高原油采收率的关键是找到一种能与原油完全相溶的合适的溶剂。

由 CO_2 相图可以看出,当温度高于临界温度 $31.1℃$ 和压力高于临界压力 $7.38 MPa$ 状态下,CO_2 就处于超临界状态。此时 CO_2 仍然呈气态,但不会液化,只是密度增大,具有类似液态的性质,同时还保留气体的性能。典型物理特性如下:

(1)密度近于液体,是气体的几百倍。

(2)黏度近于气体,与液体相比,要小2个数量级。

(3)扩散系数介于气体和液体之间,约为气体的 $1/100$,比液体大几百倍,因而具有较大的溶解能力,有助于地层油膨胀,充分发挥地层油的弹性膨胀能。

原油溶有 CO_2 时,其性质会发生变化,油的黏度减小,流动能力提高,随着 CO_2 饱和压力的增加而油的密度增加,甚至油藏性质也会得到改善,这就是 CO_2 提高原油采收率的关键。

CO_2 驱油提高采收率的机理主要有以下几点。

(1)降低原油黏度。CO_2 溶于原油后,降低了原油的黏度,原油黏度越高,黏度降低程度越大。原油黏度降低时,原油流动能力增加,从而提高了原油产量(如表 6.12 所示)

表 6.12　CO_2 溶入原油后原油黏度变化

CO_2 溶解量 / （m^3/m^3）	原油黏度 / （mPa.s）			
0	500	100	50	10
35.5	82	40	14	6.3
71.2	71	13	8	4.7
106.3	—	—	—	3.6
142.4	—	—	—	2.9

（2）改善原油与水的流度比。大量的 CO_2 溶于原油和水,将使原油和水碳酸化。原油碳酸化后,其黏度随之降低,增加了原油的流度。水碳酸化后,水的黏度将提高 20% 以上,同时也降低了水的流度。因为碳酸化后,原油和水的流度趋向靠近,所以改善了原油与水流度比,扩大了波及体积。

（3）使原油的体积膨胀。CO_2 大量溶于原油中,可使原油体积膨胀,原油体积膨胀的大小,不但取决于原油分子量的大小,而且也取决于 CO_2 的溶解量。CO_2 溶于原油,使原油体积膨胀,也增加了液体内的动能,从而提高了驱油效率。

（4）使原油中的轻烃萃取和气化。当压力超过一定值时,CO_2 混合物能使原油中不同组分的轻质烃萃取和汽化,降低原油相对密度,从而提高采收率。萃取和汽化现象是 CO_2 混相驱油的重要机理。当压力超过 10.3 MPa 时,CO_2 会使原油中轻质烃萃取和汽化;当压力超过 7.85 MPa 时,采收率就相当高,可以高达 90%。

（5）混相效应。混相的最小压力成为最小混相压力（MMP）,最小混相压力取决于 CO_2 的纯度、原油组分和油藏温度。最小混相压力随着油藏温度的增加而提高;随着原油中 C_5 以上组分分子量的增加而提高;同时,最小混相压力受 CO_2 纯度的影响,如果杂质的临界温度低于 CO_2 的临界温度,最下混相压力减小,反之,最小混相压力增加。

CO_2 与原油混相后,不仅能萃取和汽化原油中的轻质烃,而且还能形成 CO_2 和轻质烃混合的油带。油带移动是最有效的驱油过程,可使采收率达到 90% 以上。

（6）分子扩散作用。非混相 CO_2 驱油机理主要建立在 CO_2 溶于原油引起原油特性改变的基础上。为了最大限度地降低原油的黏度和增加原油的体积,以便获得最佳驱油效率,必须在最大油藏温度和压力条件下,要有足够的时间使 CO_2 饱和原油。但是,地层基岩是复杂的,注入的 CO_2

也很难和油藏中原油完全混合好。而大多数情况下，CO_2 是通过分子的缓慢扩散作用溶于原油的。

（7）降低界面张力。残留原油饱和度随着油水界面张力的减小而降低；多数油藏的油水界面张力为 10～20 mN/m，要想使残留原油饱和度趋于零，必须使油水界面张力降低到 0.001 N/m 或更低。界面张力降低到 0.04 mN/m 以下，采收率便会明显地提高。CO_2 驱油的主要作用是使原油中轻质烃萃取和汽化，大量的烃与 CO_2 混合，大大降低了油水界面的张力，也大大降低了残留原油饱和度，从而提高了原油采收率。

（8）溶解气驱作用。大量的 CO_2 溶于原油中，具有溶解气驱作用。降压采油机理与溶解气驱相似，随着压力降低，CO_2 从液体中逸出，液体内产生气体驱动力，提高了驱油效果。另外，一些 CO_2 驱替原油后，占据了一定的空隙空间，成为束缚气，也可使原油增产。

（9）提高渗透率。碳酸化的原油和水，不仅改善了原油和水的流度比，而且还有利于抑制黏土膨胀。CO_2 溶于水后显弱酸性，能与油藏的碳酸盐反应，使注入井周围的渗透率提高。可见碳酸盐岩油藏更有利于 CO_2 驱油。

6.3.5.4 CO_2-EOR 技术现状

从世界范围来看，CO_2-EOR 技术相对比较成熟，且在近年来发展较为迅速。2010 年 4 月，美国《油气杂志》独家发布 2010 年世界提高采收率（EOR）调查报告，内容包括 EOR 产量和项目等数据。调查显示，2010 年世界 EOR 项目总产量为 8 088 万 t/a，在各种 EOR 技术中，CO_2 驱油和蒸汽驱油应用最广泛。从产量来看，蒸汽驱的产量占总产量的 61%，其次 CO_2 混相驱占 17%。从项目数量看，2010 年世界 EOR 调查的项目总数为 316 个，其中 CO_2 混相驱第二，占总数的 37%，比 2008 年提高了近 7%。调查还显示，美国的 EOR 项目数和产量与两年前相比都呈现增长趋势。2010 年 CO_2 混相驱的项目数为 109 个，比 2008 年的调查增加了 8 个。产油量为 27.2 万桶 /d，比 2008 年增加了 3.2 万桶 /d。

分析美国 1988—2008 年的 EOR 产量和项目实施情况，可以看出，CO_2 提高采收率的方法从 1988 年到现在，其产量逐年上升，即使是在油价偏低的几年，产量也没有减少的迹象，而近年来上升的趋势更加明显。从项目实施方面看，注 CO_2 的方法从 1990 到现在一直处于增加的态势，近年来增加速度更快，如在 2002 年仅有 67 个项目，而到了 2010 年就增加到了 116 个项目，基本上每年都有油田新开展注 CO_2 驱油。

我国在利用 EOR 技术上也有很大潜力。经查我国到 2003 年有探明原始地质储量（OOIP）为 63.2 亿 t 的低渗油藏，占全部探明 OOIP 的 28.1%，在近几年的新增储量中，低渗油藏占 60%～70%。全国已开发低渗油田的采收率平均仅 20%，低于全国油田的平均采收率 32.2%。据测算，我国低渗油藏中约有 32 亿 t 适合用于 CO_2EOR，占全部低渗油藏的 50.6%。

6.3.5.5　EOR 技术的技术路线

现有的 CO_2 驱油方式主要有 CO_2 混相驱油、CO_2 非混相驱油和单井非混相 CO_2"吞吐"开采技术三种技术路线。

（1）CO_2 混相驱油。混相驱油是在地层高压条件下，原油中的轻质烃类分子被 CO_2 提取到气相中来，相差富含烃类的气相和溶解了 CO_2 的原油的液相两种状态。当压力达到足够高时，CO_2 把原油中的轻质和中间组分提取后，原油溶于沥青、石蜡的能力下降，这些重质成分将会从原油中析出，残留在原地，原油黏度大幅度下降，从而达到混相驱油的目的。混相驱油效果很高，条件允许时，可以使排驱剂所到之处的原油百分之百的采出，但要求混相驱压力很高，组成原油的轻质组分 C_{2-6} 含量很高，否则很难实现混相驱油。

由于受到地层破裂压力等条件的限制，混相驱油适用于重度比较高的轻质油藏，同时在浅层、深层、致密层、高渗透层、碳酸盐层、砂岩中都有过应用的经验，CO_2 混相驱油对开采下面几种油藏具有更重要的意义。

①水驱效果差的低渗透油藏。

②水驱完全枯的砂岩油藏。

③接近开采经济极限的深层、轻质油藏。

④利用 CO_2 重力稳定混相驱开采多盐丘油藏。

（2）CO_2 非混相驱油。CO_2 非混相驱油的主要采油机理是降低原油的黏度，是原油体积膨胀，减少界面张力，对原油中轻烃汽化和抽提。当地层及其中流体的性质决定油藏不能采用混相驱油时，利用 CO_2 非混相驱油的开采机理，也能达到提高原油采收率的目的，主要应用包括：

①重力稳定非混相驱油。用于开采高倾角、垂向渗透率高的油藏。

②重油 CO_2 驱，可以改善重油的流度，从而改善水驱效率。

③应用 CO_2 驱油开采高黏度原油。

可用 CO_2 来恢复枯竭油藏的压力。虽然与水相比，恢复压力所用的时间要长得多，但由于油藏中存在的游离气相将分散 CO_2，使之接触到比混相驱更多的地下原油,从而使波及效率增大。特别是对于低渗透油藏,在不能以经济速度注水或驱油溶剂段塞来提高油藏的压力时,采用注入CO_2就可能办到,因为低渗透性油层对注入CO_2这类低黏度流体的阻力很小。

（3）单井非混相CO_2"吞吐"开采技术。这种单井开采方案通常适用那些在经济上不可能打许多井的小油藏,强烈水驱的块状油藏也可使用,此种三次采油方式量适合那些不能承受油藏范围的很大前沿投资的油藏。周期性注入CO_2与重油的注蒸汽增产措施类似,但它不仅限于重油的开采,而且已成功的用于轻油的开采中。虽然增加的采收率并不大,但评价报告一直认为,这些方案确能在CO_2耗量相对较低的条件下增加采油量。多数情况下,采用这种技术的井在实验以前均已接近经济极限。

该方法的一般过程是把大量的CO_2注入生产井底,然后关井几个星期,让CO_2渗入到油层,然后,重新开井生产,采油机理主要是原油体积膨胀、黏度降低以及烃抽提和相对渗透率效应;在倾斜油层中,尽管油井打在不大有利的位置,利用这些技术回采倾斜油层顶部的残余油也是可能的。

CO_2吞吐增产措施相对来说具有投资低、返本快的特点,又获得广泛应用的可能性。

6.3.5.6　不同CO_2-EOR技术的适用范围

CO_2混相驱与非混相驱两者之间的差别在于地层压力是否达到最小混相压力,当注入地层压力高于最小混相压力时,实现混相驱油当压力达不到最小混相压力时,实现非混相驱油。适于CO_2驱地层的筛选原则见表6.13。从表6.13中可以看出,稀油油藏主要采用CO_2混相驱,而稠油油藏主要采用CO_2非混相驱。

两种驱油方式对比见表6.14。

表 6.13　CO_2驱筛选准则

类型	原油相对密度	油藏深度（m）	原油黏度（mPa.s）
CO_2混相驱	<0.825	>762	<10
	0.826 5～0.825	>853	<10
	0.887～0.865	>1 006	<10
	0.922～0.887	>1 219	<10
CO_2非混相驱	0.92～0.98	549	<600

表 6.14　混相驱油与非混相驱油对比图

项目	混相驱油	非混相驱油
持续时间	<20 年	10 年
项目规模	小	大
驱油机理	复杂	简单
二氧化碳循环	不可利用	可利用
埋存潜力	低（0.3 tb）	高（>1 tb）
EOR 潜力	低（4%～12%OOIP）	高（10%～18%OOIP）
世界应用	大规模	小范围

6.4　经济性评价

水泥工业 CO_2 捕集、利用和封存技术经济性评价的关键在于对技术成本和受益的估算。本技术方案中主要包括水泥工业 CO_2 捕集、CO_2 运输和 CO_2EOR 三个环节，因此在进行全过程的成本估算中，必须考虑到这三个环节。

以 2 500 t/d 的新型干法水泥生产装置改造项目为例进行分析，系统漏风系数为 3%，氧气过剩系数为 1.05%，采用 O_2 浓度为 30% 的 O_2/CO_2 气氛进行煤粉燃烧。在此工况下，单位水泥熟料煤耗为 96.53 kg/t.cl；烟气中 CO_2 浓度为 76.57%；系统风量为 35.88 Nm^3/s；系统烟气量为 22.64 Nm^3/s；循环烟气量为 13.24 Nm^3/s；水泥熟料产量为 3 550 t/d，每年按 300 个工作日计算。分别对水泥工业 CO_2 捕集、利用和封存技术的经济性进行分析评价。

6.4.1　成本分析

6.4.1.1　捕集成本

水泥工业 CCUS 技术采用高纯度 O_2 和部分循环烟气配风，形成 $O_2/$

CO_2 气氛来组织煤粉燃烧，控制 O_2/CO_2 气氛中 O_2 为 30%，以提高火焰温度，改善水泥工业热工系统的稳定性，降低烟气量，提高烟气中 CO_2 浓度；然后将 CO_2 浓度较高的烟气进行净化压缩液化，制得便于储运的液态 CO_2。其成本主要有制氧成本、装置改造费用和烟气净化压缩液化成本构成。

（1）制氧成本。

就现在空分制氧技术而言，适用于大型规模化生产高纯度 O_2 的技术仅深冷制氧技术和 VPSA 制氧技术两种。

表 6.15 为深冷制氧工艺和 VPSA 制氧工艺工业装置的投资运行成本分析表。

表 6.15　工业制氧系统投资运行成本分析表

项目		深冷制氧技术	VPSA 制氧技术
产品性能	装置规模	KDON–15000/30000/500	VSAO–17000/90
	O_2 气产量纯度压力	15 000 Nm³/h，纯度 99.6%，常压	17 000 Nm³/h，纯度 90%，常压
	N_2 气产量纯度压力	30 000 Nm³/h，纯度 99.99%，常压	0
	液氧产品	200 Nm³/h	0
	液氮产品	200 Nm³/h	0
	液氩产品	450 Nm³/h	0
	控制水平	DCS 控制	PLC
投资运行成本	综合投资估算	7 100 万元	5 280 万元
	维护费用估算	45 万元 /a	25 万元 /a
	操作人员估算	125 万元 /a	40 万元 /a
	更换分子筛费用	2.73 万元	216 万元
	制氧单位能耗	0.480 kW·h/Nm³O_2	0.412 kW·h/Nm³O_2
	氧气直接成本	0.240 元 /Nm³O_2	0.206 元 /Nm³O_2
销售收入	液氧产品	80 万元 /a	––
	液氮产品	––	––
	液氩产品	323 万元 /a	––
	合计	403	
成本	有液体产品	0.251 3 元 /Nm³O_2	0.237 5 元 /Nm³O_2
	无液体产品	0.288 6 元 /Nm³O_2	0.237 5 元 /Nm³O_2
备注	电价：0.5 元 / 度；液氧价格：400 元 /m³；液氩价格：700 元 /m³；300 工作日 / 年		

从表6.15可以看出,仅从主要的投资总额、运行维护、管理费用考量,VPSA制氧系统更适合对于20 000 N·m³/h规格的制氧工业装置。

对2 500 t/d水泥熟料生产装置进行改造后,采用O_2浓度为30%的O_2/CO_2气氛组织煤粉燃烧,系统漏风系数为3%,O_2过剩系数为1.05时:

熟料产量:3 550 t/d;

煤粉消耗量:

$$煤粉消耗量 = 生产能力 \times 单位煤耗$$

$$= \frac{3\,550 \times 96.53}{1\,000}$$

$$= 342.68 \text{ t/d}$$

单位高纯度O_2消耗量:

$$O_2\,消耗量 = 煤粉消耗量 \times 单位煤粉耗氧量$$

$$= \frac{342.68 \times 1\,000 \times 1.391\,651\,1}{24}$$

$$= 19\,870 \text{ Nm}^3/\text{h}$$

每年的制氧成本为:

$$制氧成本 = 19\,870 \times 24 \times 300 \times 0.237\,5$$

$$= 3\,400\,万元/a$$

每年的设备运行(含设备折旧)费用:

$$制氧成本 = \left(\frac{5\,280 + 216}{20} + 25\right) \times \frac{4}{3} + 40$$

$$= 440\,万元/a$$

则每年制氧设备所发生的总费用为3 840万元/a。

(2)改造成本。

水泥工业富氧燃烧/烟气在循环技术采用O_2浓度高于21%的O_2/CO_2气氛对水泥熟料进行冷却和组织煤粉燃烧,所以在原有系统的基础上,需加装立式冷却、烟气循环和配风三个系统。

改造成本主要包括设备投资(主要包括立式冷却机、板式热器、阀门、流量计等)费用,工程材料费用,土建投资费用和安装工程费用等。各项估算见表6.16。则系统改造工程部分的年平均折旧费用为323.5万元/a。

表 6.16　系统工程改造费用分项表

项目		金额 / 万元
设备投资估算	立式冷却机	550
	板式换热器	400
	阀门流量计	100
	预热分解系统	5 000
	共计	6 050
工程材料估算		240
土建投资估算		60
安装工程估算		120
综合投资		6 470

（3）液化成本。

水泥工业采用富氧燃烧/烟气再循环技术以后,在上述工况下,可将烟气中 CO_2 的浓度提高到 76.57%,只需经过简单的净化压缩就可将烟气中 CO_2 液化成工业级 CO_2 产品。

在此工况下,又因为水泥熟料产量为 3 550 t/d,烟气排放量为 22.64 Nm^3/s,所以单位时间内 CO_2 排放量有 $PV=nRT$（克拉佩龙方程）计算可得: 882 120.94 t/a（2 940.40 t/d）;单位熟料烟气排放量为 0.828 3 t/t.cl。

水泥工业烟气中 CO_2 深冷冷冻液化工艺主要性能参数如表 6.17 所示,从表 6.17 可以看出,本 CO_2 净化压缩工艺可将 CO_2 浓度提高到 97.21%,回收率为 91.76%,单位 CO_2 净化压缩综合能耗为 398 kJ/kg CO_2。

表 6.17　CO_2 深冷冷冻液化工艺主要性能参数

项目	数值	单位
混合气含 CO_2 量	2 940.4	t/d
CO_2 回收量	2 698.1	t/d
CO_2 回收率	91.76	%
CO_2 纯度	97.21	%
压缩机耗功	16.34	MW
制冷量	13.236	MW
制冷温度	−25～−35	℃
热源温度	200	℃
单位 CO_2 回收能耗总量	398	kJ/kg CO_2

表 6.18 为烟气中 CO_2 液化回收系统设备一览表,设备总投资为 230 万元,系统设计寿命按 20 年计,则由系统设备折旧所带来的费用支出为 11.5 万元 /a。单位 CO_2 净化压缩综合能耗为 398 kJ/kg CO_2,则每年回收 CO_2 电费(每度电按 0.5 元计)总量为 4 474 万元 /a,则每年的 CO_2 液化回收系统综合成本为 4 486 万元 /a。

表 6.18 CO_2 液化回收系统设备一览表

设备名称	数量 / 台	造价 / 万元	原理及结构	型号及规格	备注
氨吸收式制冷机组	2	100	利用工业余热	制冷量 > 10 MW	发生器、吸收器、冷凝器、液泵
冷气换热器	2	25 ~ 30	管壳式	--	--
增压机	2	35 ~ 40	螺杆增压压缩机	--	--
气体分离器	2	7 ~ 8	二级分离(撞击 + 离心分离)	--	--
脱硫塔	1	30	精脱硫	--	--
脱氧器	1	20 ~ 30	--	--	--
干燥机	1	3	风冷式(R22)	--	--
过滤器	1	2	P 级	--	材质:多层进口纤维
溶液泵	2	0.4	--	--	--
合计		大写人民币:贰佰叁拾万元整			

(4)水泥工业 CO_2 捕集成本。

通过以上对水泥工业采用富氧燃烧 / 烟气再循环技术后,对其烟气中 CO_2 进行捕集的成本分析可以发现:制氧成本为 3 840 万元 /a;设备改造成本为 323.5 万元 /a;液化成本为 4 486 万元 /a。则单位 CO_2 的捕集成本为:

$$单位 CO_2 捕集成本 = \frac{制氧成本 + 改造成本 + 液化成本}{CO_2}$$

$$= \frac{3\,840 + 323.5 + 4\,486}{2\,698.1 \times 300} \times 10\,000$$

$$= 106.86 元 / t$$

则每吨液体 CO_2 的捕集成本为 106.86 元。

6.4.1.2　运输成本

液态 CO_2 运输的工程实践还处于初步阶段,需要根据系统的具体要求、运输量选择适当的运输方式,由于将烟气中 CO_2 进行净化液化后,运输至油田用于 CO_2 强化驱油,以提高原油的采收率,输送地相对固定,鉴于水泥工业生产规模大多大于 2 000 t/d,采用富氧燃烧 / 烟气再循环技术和多级净化压缩技术后可得工业级液态 CO_2 产品 2 000 t 以上,运输量相对较大。由于公路罐车运输成本较高,并且在输送过程中存在蒸发损失等问题,并且只适用于小规模示范性工程。所以本方案对海上油田选用船舶运输,而对于陆上油田选用铁路运输、管道运输两种方式进行液态 CO_2 产品的运输。

由于我国在开发的油田大多为陆上油田,所对现有油田进行 CO_2EOR,只适用于铁路罐车或管道运输。各种 CO_2 运输方式的适用性可以发现,管道运输成本为 0.1 元 / (t.km),适用规模为大于 100 万 t/a 相对固定的油田 EOR 或 CO_2 封存项目;铁路罐车运输成本为 0.2 元(t.km),适用于 10 ~ 100 万 t/a 目的地相对固定的食品级或小型示范项目的 CO_2 运输。

以 CO_2 管道运输为例,进行 CO_2 运输成本的估算,结合我国的国情,并考虑到人民币汇率和国内成本较低等因素,我国的 CO_2 管道运输成本为:

$$Cost'_{pipe}=2.340 \times Dist^{0.483}$$

若运输距离为 200 km,则 $Cost'_{pipe}$=30.24 元 /t CO_2,单位距离的 CO_2 运输成本为 0.15 元 / (t · km)

6.4.1.3　封存成本

CO_2 封存成本是指将 CO_2 注入地下进行强化驱油的相关成本,主要包括设备投资成本、矿区使用费用、CO_2 原料费用、燃料费、操作和管理费用、税费及其他费用。美国是世界上目前商业化运营 CO_2 最多的国家,其发布的相关 CO_2EOR 项目的驱油成本也最具权威性,表 6.19 为美国相关 CO_2EOR 项目的总体驱油成本分析表。

表 6.19   美国 CO_2EOR 项目驱油成本分析表

项目	金额
投资成本	21.4～28.6 美元 /t
矿区使用费	14.3～28.6 美元 /t
CO_2 费用	28.6～35.7 美元 /t
燃料费	7.1～21.4 美元 /t
操作与管理费	14.3～21.4 美元 /t
税费	14.3～28.6 美元 /t
其他费用	28.6～35.7 美元 /t

从表 6.19 可以看出，CO_2 的相关费用是其中比重较大的一块，它直接决定了 CO_2EOR 项目驱油成本的高低。美国能源部认为，当油价为 178.57 美元 /t 时，采油公司即可获利，只是回报率相对较低；当油价为 250 美元 /t 时，采油公司即可获得高额回报，扣除生产成本，可获利 54.3 美元 /t。以登伯瑞资源公司（Denbury Resources）为例，该公司 2010 年在美国本土拥有 17 项 CO_2EOR 项目，公司公布的 2009 年第二季度在墨西哥湾沿岸进行的 CO_2 阶段扩展项目的操作成本为 149 美元 /t。本报告将直接引用美国登伯瑞资源公司此项目驱油成本（149 美元 /t）作为本报告封存成本的计算依据。

所以去除 CO_2 的相关成本 32.15 美元 /t 以后，其他费用总和为 116.85 美元 /t，约为 726.13 元 /t（按 2013 年 3 月 16 日美元人民币牌价：1 美元 =6.2142 元人民币折算）。

6.4.2   效益分析

6.4.2.1   节能效益

2 500 t/d 的水泥生产设备采用富氧燃烧 / 烟气再循环技术后，生产能力提高到 3 550 t/d，单位水泥熟料能耗由原来的 115.4 kg/t. cl 降低到 96.53 kg/t. cl。则每天可节约燃煤量为：

$$节约燃煤量=\frac{(115.4-96.53)\times 3\,550}{1\,000}$$

$$=66.99\ t/d=20\,097\ t/a$$

煤的价格按 750 元 /t 计算,则:

$$能源效益=\frac{20\,097\times 750}{10\,000}$$

$$=1\,057\ 元/a$$

所以,对于 2 500 t/d 的水泥生产装置,采用了富氧燃烧 / 烟气再循环技术以后,可节约的燃料费用为 1 057 万元 /a,则折合到单位 CO_2 产品所带来的经济效益为 13.06 元 /t。

6.4.2.2　产能效益

由于水泥工业富氧燃烧 / 烟气再循环技术的应用,可以有效提高设备的生产能力。原生产能力为 2 500 t/d 的水泥生产装置,其生产能力可提高到 3 550 t/d。单位水泥熟料利润按 80 元 /t 计算,则每年由生产能力提高所带来的效益为:

$$产能效益=\frac{(3\,550-2\,500)\times 300\times 80}{10\,000}$$

$$=2\,520\ 万元/a$$

所以,对于 2 500 t/d 的水泥生产装置,采用了富氧燃烧 / 烟气再循环技术以后,每年由于水泥熟料产量的提高所创造的利润为 2 520 万元,则折合到单位 CO_2 产品所带来的经济效益为 31.13 元 /t。

6.4.2.3　驱油效益

近几年,原油价格居高不下,随着 CO_2-EOR 技术的不断发展,该项技术已在美国得到了高度的重视和应用。我国在利用 EOR 技术上也有很大潜力,经查我国到 2003 年有探明原始地质储量(OOIP)为 63.2 亿 t 的低渗油藏。在近几年的新增储量中,低渗油藏占 60% ~ 70%。全国已开发低渗油田的采收率平均仅 20%。据测算,我国低渗油藏中约有 32 亿 t

适合用于 CO_2-EOR，占全部低渗油藏的 50.6%。

近期世界原油价格居高不下，并且 CO_2-EOR 对提高低渗油藏的采收率具有很大的优势，可提高石油采收率 15% ～ 25%，最高可达 33%。我国相关部门越来越重视该项技术在我国的应用和推广。

气候组织的报告说，一般而言，每注入 2.5 ～ 4.1 t 二氧化碳能增产石油 1 t。而苏北油田的 CCS 经验表明，累计注入 4 490 t 二氧化碳，每注入 1 t 二氧化碳原油增产达到 2.39 t，累计增产原油 1.07 万 t。本报告按每注入 3.3 t CO_2 能增产 1 t 原油进行计算。

2013 年 3 月 14 日世界原油布伦特原油期货价格为计算依据，则每吨原油价格为：

$$原油价格 = \frac{109.42 \times 1\ 000}{159 \times 0.81}$$

$$= 849.6\ 美元/t$$

$$= 5\ 279.59\ 元/t（1 美元 = 6.214\ 2 元人民币）$$

则单位 CO_2 驱油所带来的经济效益为：

$$驱油效益 = \frac{5\ 279.59}{3.3}$$

$$= 1\ 599.87\ 元/t$$

所以，对于 2 500 t/d 的水泥生产装置，采用了富氧燃烧 / 烟气再循环技术以后，所捕集的 CO_2 驱油所带来的经济效益为：

$$驱油效益 = 1\ 599.87 \times 2\ 698.1 \times 300$$

$$= 12.95\ 亿元/年$$

每年由 CO_2 驱油所带来的经济效益为 12.95 亿元。

6.4.3 综合评价

通过以上对水泥工业 CCUS 技术的 CO_2 捕集成本、运输成本和封存成本分析可知：其中 CO_2 捕集成本为 106.86 元（其中制氧成本：47.44 元/t；

改造成本：4.00元/t；液化成本：55.42元/t）；运输（运输距离按200 km计）成本为30.24元/t；封存成本为726元/t。

由水泥工业CCUS技术效益分析可知，水泥工业采用O_2浓度为30%的O_2/CO_2气氛组织煤粉燃烧，在水泥熟料煅烧过程中，可节约煤粉24.83 kg/t CO_2，提高水泥熟料产量398.16 kg/t CO_2，所带来的经济效益分别为13.06元/t CO_2和31.13元/t CO_2。将捕集液化所的CO_2输送至油田，采用CO_2EOR技术进行强化驱油以提高油田的采收率，所创造的经济效益为1 599.87元/t CO_2。

水泥工业CCUS技术主要CO_2捕集、CO_2输送和CO_2贮藏三个环节，从以上各个环节中的成本和效益分析可以发现：

（1）对2 500 t/d水泥生产线进行改造，采用富氧燃烧/烟气再循环技术所发生的设备购置费总计11 980万元：其中水泥生产设备改造费用6 470万元，液化设备230万元；制氧设备5 280万元。

（2）CO_2捕集成本为106.86元/t CO_2。其中制氧成本为47.44元/t CO_2，占捕集成本的44.39%；设备改造成本为4.00元/t CO_2，占捕集成本的3.74%；液化成本为55.42元/t CO_2，占捕集成本的51.86%；

（3）本方案所提出的水泥工业CCUS技术路线的综合成本为863.23元/t CO_2。其中CO_2捕集成本106.86元/t；运输成本30.24元/t；驱油成本726.13元/t。

（4）本方案所提出的水泥工业CCUS技术综合经济效益为1644.06元/t CO_2。其中节能效益13.06元/t；产能效益31.13元/t；驱油效益1599.87元/t。

（5）就水泥工业CO_2捕集过程而言，如果将能源节约和产能扩大作为水泥工业CO_2捕集过程中一部分的话，则本方案所提出技术所创造的节能效益和产能效益将使CO_2捕集成本降低至62.67元/t。

（6）本报告所提出的水泥工业CCUS技术，对于2 500 t/d水泥生产设备，产能可达到3 550 t/d；节约燃煤67 t/d；可得工业级CO_2产品2 698.1 t/d；所得CO_2产品用于强制驱油，可得原油817.6 t/d，所创造的经济效益为443.58万元/d，利润为232.91万元/d。则每年可利润6.99亿元。

（7）2012年我国水泥熟料产量约为11.7亿t，则仅去年一年我国水泥行业的减排潜力就为8.89亿t；陕西省水泥熟料产量约为4 092万t，CO_2减排潜力为3 110万t。若将本报告所提出的技术方案应用于中国水泥行业的话，将捕集所得CO_2全部用于驱油，则可为我国创造7 676.19亿元的效益。

6.5 技术展望

水泥工业是国民经济发展、生产建设和人民生活不可缺少的基础原材料工业。近年来,我国国民经济一直保持平稳较快增长,水泥工业也面临着发展机遇:工业化、城镇化和新农村建设进一步拉动内需,保障性安居工程以及高速铁路、轨道交通、水利、农业和农村等基础设施建设带动水泥需求继续增长。由此可见,我国水泥市场在未来一段时间内仍将保持持续增长的势头。

随着我国节能减排压力的逐年增加,研究开发出适合于水泥行业的节能和 CO_2 捕集封存技术已迫在眉睫。本章针对我国水泥工业潜在的 CO_2 捕集优势和继续解决的问题,组织系统技术攻关和工程系统集成,在新型干法水泥生产技术的基础上,提出了适用于我国水泥工业的 CCUS 技术。

(1)采用富氧燃烧/烟气再循环技术,用 O_2 浓度大于 21% 的 O_2/CO_2 气氛组织煤粉燃烧,改善水泥熟料煅烧过程的热工系统稳定性,减少烟气量排放量,提高烟气中 CO_2 的浓度,提高水泥熟料煅烧系统装置的传热效率和生产能力,以及烟气中 CO_2 的浓度。水泥工业 CCUS 技术的实施于 2 500 t/d 的水泥生产装置:烟气排放量由原来的 35.88 Nm^3/s 降至 22.67 Nm^3/s,烟气排放量为传统工艺的 63.18%;烟气中 CO_2 浓度由原来的 33.79% 至 76.57%,烟气浓度提高为传统工艺的 2.27 倍;水泥熟料的单位能耗由原来的 115.4 kg/t.cl 降至 96.53 kg/t.cl,为传统工艺单位水泥熟料煤耗的 83.65%;熟料产量可提高至 3550 t/d,生产能力提高为传统工艺的 142.00%。

(2)采用先进的 VPSA 制氧技术,制备水泥工业富氧燃烧所需要的 O_2,最大限度地降低了制氧成本,制氧单位能耗降低至 0.412 kW·h/Nm^3,捕集单位 CO_2 所发生的制氧成本为 47.44 元/t。

(3)根据 CO_2 产品的技术要求,选用工艺简单的 CO_2 低温冷能分离技术对高浓度 CO_2 烟气进行分离液化,CO_2 回收率为 91.76%,CO_2 纯度达到 97,21%,分离液化单位能耗为 55.42 元/t。

(4)根据 CO_2-EOR 项目和运输成本的具体要求,选用成熟的 CO_2 管道运输方式实现 CO_2 的输送,单位 CO_2 运输成本为 30.24 元/t(运输距离按 200 km 计)。

(5)CO_2EOR 技术为美国成熟的三次采油技术,可以提高原油采收率

15%～25%,采用混相驱油技术可使原油采收率提高 30%～40%。每注入 2.5～4.1 t 二氧化碳能增产石油 1 t。采用 CO_2 强制去油过程中每注入 1 t CO_2 所发生的驱油成本和带来的经济效益分别为 726.13 元 /t 和 1 599.87 元 /t。

（6）水泥工业采用富氧燃烧 / 烟气再循环技术,可将水泥工业的 CO_2 捕集成本降低为 106.86 元 /t;将富氧燃烧技术所带来的节能和生产能力提高所带来的经济效益考虑在内的话,该技术的 CO_2 捕集成本为 62.67 元 /t。仅为市场上成熟技术 CO_2 捕集成本的 53.49%。

（7）水泥工业 CCUS 技术可分离捕集水泥工业烟气中 90% 以上的 CO_2,实现了水泥工业的近零排放。并将 CO_2 应用于油田 CO_2 强化驱油过程,实现了 CO_2 资源化再利用的最大化。

综上所述,水泥工业 CCUS 技术的研究与开发,对降低水泥工业烟气中 CO_2 的捕集成本,实现水泥工业的近零排放,实现 CO_2 资源化循环再利用等方面具有积极的促进作用,具有很强的技术先进性和市场竞争力。水泥工业 CCUS 技术的应用和推广,符合我国水泥行业节能减排和可持续发展的发展战略,有利于促进我国水泥工业生产技术的自主创新能力,具有很强的社会效益和经济效益。

参考文献

[1] 绿色煤电有限公司.挑战全球气候变化——二氧化碳捕集与封存[M].北京：中国水利水电出版社,2008：16-136.

[2] 中国科技部."十二五"国家碳捕集利用与封存科技发展专项规划[EB/OL].http://www.most.gov.cn/tztg/201303/t20130311_100051.htm,2013-03-11

[3] 宣亚雷.二氧化碳捕集与封存技术应用项目风险评价研究[D].大连：大连理工大学,2013：152-154.

[4] 韩桂芬,张敏,包立.CCUS技术路线及发展前景探讨[J].电力科技与环保,2012（4）：8-10.

[5] 刘宇.多联产能源系统设计和实施过程关键问题研究[D].北京：清华大学,2007.

[6] 王燕.气流床燃烧气化及壁面熔渣沉积特性的数值模拟[D].南京：东南大学,2007.

[7] 骆永国.基于热泵技术的MEA法CO_2捕集系统模拟分析[D].青岛：山东科技大学,2011.

[8] 翟融融.氧化碳减排机理及其与火电厂耦合特性研究[D].北京：华北电力大学,2010.

[9] 霍志红.增压富氧燃烧CFB传热特性研究[D].北京：华北电力大学,2011.

[10] 曹华丽.煤粉富氧燃烧过程中NO_x生成和还原特性的研究[D].哈尔滨：哈尔滨工业大学,2011.

[11] H.G Wei, Y.Q Luo, D.L. Xu. A study on the kinetics of thermal decomposition of CaCO3［J］.Journal of Thermal nalysis,1995,45：303-310.

[12] M.Wise,J.Dooley,R.Dahowski.Modeling the impacts of climate policy on the deployment of carbon dioxide capture and geologic storage across electric power regions in the United tates[J]. International Journal of Greenhouse Gas Control,2007,1（2）：261-270.

[13] A.Aboudheir, P.Tontiwachwuthikul, R.Idem. Rigorous model for

predicting the behavior of CO_2 absorption into AMP in packed2bed absorption columns[J].Industrial and Engineering Chemistry Research，2006，45（8）：2553-2557.

[14] 毛玉如.循环流化床富氧燃烧技术的试验和理论研究 [D]. 杭州：浙江大学,2003.

附录1

符号表

符号	名称	单位
A	反应指前因子	s^{-1}
A^f	燃料中灰分含量	%
$Al_2O_3^{sh}$	熟料中 Al_2O_3 的百分含量	%
c_{FlK}	分解炉一次风比热容	kJ/（kg·℃）
c_f	烟气比热容	kJ/（kg·℃）
c_{fh}	飞灰的比热容	kJ/（kg·℃）
c_{LK}	冷却风气体比热容	kJ/（kg·℃）
c_r	燃料比热容	kJ/（kg·℃）
c_s	生料比热容	kJ/（kg·℃）
c_s'	水的比热容	kJ/（kg·℃）
c_{sh}	熟料比热容	kJ/（kg·℃）
c_{Sk}	生料带入气体比热容	kJ/（kg·℃）
c_{ylk}	入窑头一次风比热容	kJ/（kg·℃）
c_{yh}	入窑回灰的比热容	kJ/（kg·℃）
CaO^{sh}	熟料中 CaO 的百分含量	%
CO_2^s	生料中 CO_2 含量	%

符号	名称	单位
$Cost_C$	单位 CO_2 压缩成本	元 $/t \cdot CO_2$
$Cost_{CO_2}$	单位 CO_2 捕集成本	元 $/t \cdot CO_2$
$Cost_{EOR}$	单位 CO_2 强化驱油成本	元 $/t \cdot CO_2$
$Cost_{O_2}$	单位 CO_2 制氧成本	元 $/t \cdot CO_2$
$Cost'_{O_2}$	制氧设备的年综合制氧成本	万元 $/a$
$Cost_{PC}$	单位 CO_2 综合压缩成本	元 $/t \cdot CO_2$
$Cost_{pipe}$	单位 CO_2 运输成本	元 $/t \cdot CO_2$
$Cost_{RP}$	单位 CO_2 改造设备运行成本	元 $/t \cdot CO_2$
$Cost'_{RP}$	改造系统的年运行成本	万元 $/a$
$Dist$	CO_2 管道运输距离	km
D_P	颗粒粒径	μm
$\bar{d}$	平均粒径	μm
d_{10}	累计粒度分布百分数达到 10% 时对应粒径	μm
d_{50}	累计粒度分布百分数达到 50% 时对应粒径	μm
d_{90}	累计粒度分布百分数达到 90% 时对应粒径	μm
E	活化能	$kJ \cdot mol^{-1}$
E_{EOR}	单位 CO_2 驱油效益	元 $/t \cdot CO_2$
E_{TI}	单位 CO_2 捕集过程的节能效益	元 $/t \cdot CO_2$
$E_{\alpha \to 0}$	转化率趋近于 0 时的活化能	$kJ \cdot mol^{-1}$
$E_{\beta \to 0}$	升温速率趋近于 0 时的活化能	$kJ \cdot mol^{-1}$
$Fe_2O_3^{sh}$	熟料中 Fe_2O_3 的百分含量	%
$f(\alpha)$	微分机理函数	
$G(\alpha)$	积分机理函数	
H_2O^s	生料中化合水含量	%
k	反应速率常数	s^{-1}
L_s	干生料烧失量	%
L_{sh}	熟料烧失量	%
m	单位时间液态 CO_2 产品量	kg/s
m_{lk}	一次风的质量	kg/kg $\cdot$ cl

符号	名称	单位
m_E	烟气排放量	kg/kg·cl
m_f	预热器出口烟气的质量	kg/kg·cl
m_{fh}	出预热器飞灰量	kg/kg·cl
m_{Fh}	烟囱飞损飞灰量	kg/kg·cl
m_{Fr}	分解炉燃料量	kg/kg·cl
m_{gs}	干生料实际消耗量	kg/kg·cl
m_{gsl}	干生料理论消耗量	kg/kg·cl
m_{LOK}	漏入空气的质量	kg/kg·cl
m_{Ls}	冷却水用量	kg/kg·cl
m_{qh}	汽化冷却量	kg/kg·cl
m_{qt}	其他支出	kg/kg·cl
m_r	燃料消耗量	kg/kg·cl
m_s	生料消耗量	kg/kg·cl
m_{Sk}	喂料系统带入空气量	kg/kg·cl
m_{Sf}	生料中可燃物质含量	kg/kg·cl
m_{yr}	窑用燃料量	kg/kg·cl
m_{yh}	入窑回灰量	kg/kg·cl
m_{zc}	物料支出总质量	kg/kg·cl
m_{zs}	物料收入总质量	kg/kg·cl
m_{CO_2}	单位时间 CO_2 回收量	kg/s
m_{N_2}	单位时间液态 CO_2 产品含 N_2 量	kg/s
MgO^{sh}	熟料中 MgO 的百分含量	%
n	反应级数	
q_{qh}	水的汽化热	kJ/kg·H_2O
Q_B	系统表面散热损失	kJ/kg·cl
Q_{Bi}	各部分表面散热损失	kJ/kg·cl
Q_{lk}	一次风带入显热	kJ/kg·cl
Q_{DW}^f	燃料的低位发热量	kJ/kg·cl
Q_{DW}^{Sr}	生料中可燃物质的低位发热量	kJ/kg·cl

符号	名称	单位
Q_f	预热器出口烟气带走显热	kJ/kg·cl
Q_{fh}	预热器出口飞灰带走显热	kJ/kg·cl
Q_{hb}	化学不完全燃烧热损失	kJ/kg·cl
Q_{jb}	机械不完全燃烧热损失	kJ/kg·cl
Q_{Lk}	进冷却机气体显热	kJ/kg·cl
Q_{LOK}	系统漏入空气显热	kJ/kg·cl
Q_{Ls}	冷却水带走热量	kJ/kg·cl
Q_{Lsh}	出冷却机熟料热量	kJ/kg·cl
Q_{PC}	单位 CO_2 产品压缩能耗	kJ/kg·CO_2
Q_{qt}	其他支出	kJ/kg·cl
Q_r	燃料带入显热	kJ/kg·cl
Q_{rR}	燃料燃烧产生的热量	kJ/kg·cl
Q_s	生料带入显热	kJ/kg·cl
Q_B	生料喂料系统带入气体显热	kJ/kg·cl
Q_{sr}	生料中可燃物质燃烧热	kJ/kg·cl
Q_{ss}	生料中物理水蒸发潜热	kJ/kg·cl
Q_{tf}	飞灰脱水及碳酸盐分解耗热	kJ/kg·cl
Q_{yh}	入窑回灰带入显热	kJ/kg·cl
Q_{zc}	热量总支出	kJ/kg·cl
Q_{zs}	热量总收入	kJ/kg·cl
r	相关系数	
R	热力学常数	8.314 J·mol^{-1}
SiO_2^{sh}	熟料中 SiO_2 的百分含量	%
T	温度	K
t	时间	s
t_{cs}	冷却水出水温度	℃
t_f	预热器出口烟气的温度	℃
t_{Flk}	分解炉一次风温度	℃
t_{LK}	冷却风温度	℃

符号	名称	单位
t_r	燃料温度	℃
t_{Sk}	生料带入气体温度	℃
t_s	生料温度	℃
t_{sh}	出冷却机熟料温度	℃
t_{yh}	入窑回灰的温度	℃
t_{ylk}	入窑头一次风温度	℃
V_{lk}	一次风体积	$Nm^3/kg \cdot cl$
V_{CO}	烟气中 CO 含量	$Nm^3/kg \cdot cl$
V_{CO_2}	烟气中 CO_2 含量	$Nm^3/kg \cdot cl$
V_f	预热器出口烟气体积	$Nm^3/kg \cdot cl$
V_{Flk}	入分解炉的一次风体积	$Nm^3/kg \cdot cl$
V_{H_2O}	烟气中 H_2O 量	$Nm^3/kg \cdot cl$
V_{HO}	来自制氧设备 O_2 量（O_2 浓度为93%）	$Nm^3/kg \cdot cl$
V_{LOk}	漏入空气的体积	$Nm^3/kg \cdot cl$
V_{N_2}	烟气中 N_2 量	$Nm^3/kg \cdot cl$
V_{O_2}	烟气中 O_2 量	$Nm^3/kg \cdot cl$
V_R	循环烟气量	$Nm^3/kg \cdot cl$
V_{Sk}	喂料系统带入空气体积	$Nm^3/kg \cdot cl$
V_{ylk}	入窑一次风体积	$Nm^3/kg \cdot cl$
W_s	生料水分	%
x_{CO_2}	系统用风中 CO_2 浓度	%
x_{N_2}	系统用风中 N_2 浓度	%
x_{O_2}	系统用风中 O_2 浓度	%
x_{SO_2}	系统用风中 SO_2 浓度	%
x_{RCO_2}	循环烟气中 CO_2 浓度	%
x_{RN_2}	循环烟气中 N_2 浓度	%
x_{RO_2}	循环烟气中 O_2 浓度	%
x_{RSO_2}	循环烟气中 SO_2 浓度	%
α	转化率；熟料中燃料灰分掺入百分比	%

符号	名称	单位
β	升温速率	$K \cdot min^{-1}$
γ	收尘器的收尘效率	%
ρ_{lk}	一次风的密度	kg/Nm^3
ρ_{CO_2}	烟气中 CO_2 的密度	kg/Nm^3
ρ_{N_2}	烟气中 N_2 的密度	kg/Nm^3
ρ_{H_2O}	烟气中 H_2O 的密度	kg/Nm^3
ρ_{O_2}	烟气中 O_2 的密度	kg/Nm^3
ρ_k	空气密度	kg/Nm^3
ρ_{Lk}	入冷却机气体密度	Kg/Nm^3
δ	边界条件	$Nm^3/kg \cdot cl$
η	系统热效率	%

附录 2

技术耦合性研究计算程序使用说明

水泥工业富氧燃烧技术耦合性研究计算程序的具体操作规程如下所述：

（1）打开水泥工业富氧燃烧技术耦合性研究计算程序。

（2）打开"已知参数"页面。

（3）分别输入水泥干生料、水泥熟料、灰飞和煤灰的化学成分、烧失量。

（4）输入水泥熟料的矿物相组成含量。

（5）分别输入煤粉的组成、焦渣特性和单位发热量。

（6）打开"控制条件和计算页面"。

（7）分别输入：水泥生料带入空气量、预热器出口烟气温度、室温温度、生料温度、熟料温度、煤粉温度、燃料耗比、灰飞量、生料和煤粉含水率、燃料比热、生料比热、熟料比热、灰飞比热、系统漏风系数、系统散热损失和燃料灰分掺入比当参数。

（8）在"系统计算气相参数表"中输入富氧燃烧其中 O_2 浓度，其他气体作为 N_2 处理。

（9）输入煤粉用量初始值，进行计算，调整煤粉用量直至循环判据 $< 0.1\%$。

（10）将"系统计算气相参数表"中培风系统中气相组分含量分别带入系统供风中相对应的参数中进行循环计算，直至 $\delta < 0.01\%$。

（11）打开"计算结果"页面，分别输出"水泥工业富氧燃烧技术耦合性计算气相参数表""水泥工业富氧燃烧技术耦合性计算物料衡算表"和"水泥工业富氧燃烧技术耦合性计算热量衡算表"。

附录 3

技术经济性评价计算基准

项　目		指标	单位
水泥熟料生产系统技术参数	系统供风量	19.15	Nm³/s
	预热器出口烟气量	35.94	Nm³/s
	烟气排放量	22.68	Nm³/s
	烟气循环量	13.26	Nm³/s
	烟气中 CO_2 排放浓度	76.57	%
	O_2（93%）消耗量	5.87	Nm³/s
	单位熟料煤粉消耗量	96.53	kg/t.cl
	水泥熟料产量	3 550	t/d
	标准煤价格	700	元 /tce
烟气气体组分	CO_2	76.57	%
	N_2	12.44	%
	O_2	1.96	%
	H_2O	8.86	%
	其他	0.17	%

项 目		指标	单位
熟料生产系统	使用寿命	20	年
	设备净残值	500	万元
	分子筛使用寿命	10	年
	分子筛更换费用	300	万元 / 次
	氧气纯度	93	%
	单位能耗	0.412	kW·h/ Nm³·O₂
	制氧成本	0.237 5	元 /Nm³O₂
熟料生产系统	改造综合成本	10 370	万元
	设计寿命	20	年
	设备净残值	1 000	万元
	折旧费	468.5	万元 / 年
	维护及人工费用	100	万元 / 年
CO₂ 液化分离系统	CO₂ 回收率	91.76	%
	CO₂ 纯度	97.21	%
	压缩机耗功	16.34	MW
	制冷量	13.236	MW
	制冷温度	−25 ～ −35	℃
	热源温度	200	℃
	单位 CO₂ 液化能耗总量	398	kJ/kgCO₂
	设备综合投资	243.4	万元
	维护费用估算	3	万元 /a
	操作人员费用	9	万元 /a
	液化成本	55.28	元 /t·CO₂
CO₂ 运输和驱油	CO₂ 产品运输距离	200	km
	CO₂ 费用	32.15	美元 /t
	CO₂ 强化驱油运行成本	725.50	美元 /t
	CO₂ 驱油效率	3.3	t.CO₂/t. 原油
	原油价格	114	美元 / 桶
	原油密度	0.81	kg/l
	美元人民币汇率	6.20	元 / 美元